與十九世紀
傑出女性科學探險家相遇

因為她們，世界變得更好

張文亮 著 蔡兆倫 繪

自序

以科學傳記故事教科學

人剛出生時，來到一個全然陌生的地方，有陽光、有風吹、有蟲鳴、有鳥叫、有冷熱、有父母說話的聲音、有奶喝、有衣服穿，這是個沒來過的地方。孩子充滿好奇，左看右看，靜靜傾聽，牙牙學語。

在科學教育這個領域，十歲以前的孩子都是「天才」。他們因好奇而學習，因純真而發問，因愛聽故事而喜悅。以後，許多孩子受教育愈多，似乎知道的愈來愈多，卻漸漸失去了學習的好奇、純真與喜悅。到中學變得沒興趣，到大學還問：「學這麼多，有什麼用？」出了社會，忙這個那個，忘了清晨的陽光多溫柔，吹過樹梢的風聲多好聽，天上的雲彩每日有什麼變化。

我在大學教書多年，工作之餘，也到高中、國中、小學和學生分享，思索這種科學教育銜接上的斷裂，應該如何彌補？我逐漸用「科學傳記故事」來教學生「科學」，因為：

第一，孩子都喜歡聽故事，是比較沒有壓力的學習。第二，用傳記教科學，是讓孩子知道科學發現的時代背景，與前因後果，而非只有公式計算與證明。第三，用文字呈現科學故事，可讓孩子知道文字可以表達科學的發現、過程與情節。

這本書是在這種科學教育的理念下寫成的。一九七八年，我在臺灣大學念研究所時，有一晚，受邀在一社區的教育講座講「清潔劑與界面化學」。我知道界面化學的科學原理，我以「洗衣粉與肥皂的發現史」分享，那一晚來聽的人坐滿教室，椅子還排到教室外。我第一次體會以故事教科學，是科學的教育方式。

一九八一年，我到美國念書，讀了更多科學史的書。美國圖書館常有舊書拍賣，一大袋舊書，美金一元。我購買、閱讀、整理，而後講給我的忠實聽眾——妻子聽。

一九八九年，我回來臺灣教書，上、下課時講給學生聽，學生也愛聽。這本書，就是其中一批以女性科學家為主的故事，讓學生知道，科學研究不在乎性別，而是誠實、愛人與認真的心。

迄今，我還在講科學的故事。

前言

十九世紀中葉以前，科學家以男性為主，很少有女性參與其間。二十世紀傑出的女性科學家卻風起雲湧，在科學界有相當大的影響力，例如獲得諾貝爾獎的瑪麗·居里（Marie Curie, 1867-1934），傑出的物理學家吳健雄（1912-1997）、《寂靜的春天》的作者、生態學家瑞秋·卡森（Rachel Louise Carson, 1907-1964）等人。

這批近代女性科學家的成就獲得普世肯定，並影響許多女孩從小就志在理工領域。她們的成果，導因於十九世紀的少數女性，以傑出的科學研究成果，證明女性也能從事科學研究。

十九世紀重要的傑出女性科學家，包括：

露易斯（Graceanna Lewis, 1821-1912，生物學家）。

布蕾克威爾（Elizabeth Blackwell, 1821-1910，全世界第一位女醫生）。

弗畢綺（Kate Furbish, 1834-1931，勇於探險的植物學家）。

理查絲（Linda Anne Judson Richards, 1841-1930，建立精神護理的先鋒）。

史華璐（Ellen Swallow, 1842-1911，近代食品安全的推手）。

波特（Helen Beatrix Potter, 1866-1943，英國作家及自然科學家）。

蔡斯（Mary Agnes Chase, 1869-1963，禾草學專家）。

愛莉絲（Alice Hamilton, 1869-1970，工業毒物化學開創者）。

耐絲（Margaret Nice, 1883-1974，鳥類生態學家）。

道西葛（Helen Brooke Taussig, 1898-1986，心臟醫學大師）。

這十位女性都值得我們認識。本書以最特別的生物學大師葛蕾絲安娜·露易斯，做為開卷人物，因為她不僅對分類學有傑出的貢獻，更克服了當時社會認為女性不適合學習科學的觀念，而且對於日後的自然科學教育有深遠影響。

contents

Graceanna Lewis

No.

1

改革自然科學教育的生物學家

露易斯

Graceanna Lewis

葛蕾絲安娜．露易斯是十九世紀末最傑出的女性科學家之一。她對鳥類、細菌與水中無脊椎動物的分類有重大的貢獻，並在晚年致力於自然科學教育，啟發了許多學生。

地下逃亡線

一八二一年八月三日，葛蕾絲安娜．露易斯（Graceanna Lewis,1821-1912）生於美國賓夕凡尼亞州切斯特郡（Chester）的一個農莊裡。露易斯從小就在農莊裡照顧蘋果樹與幾隻乳牛。她有一個姊姊、兩個妹妹。四個小孩一起幫助母親以絲帖．法瑟爾（Esther Fussel）主持這個農場。露易斯的父親約翰（John Lewis），在她三歲時，陪伴一個由南方逃來的黑奴家庭北上加拿大，在途中染上斑疹傷寒，死前給妻子與四個小女兒的遺言是：「我沒有為拯救黑奴感到後悔，我一生最大的遺憾就是太晚才參加這項任務。」

露易斯的父親所參加的任務，稱為「地下逃亡線」（Underground Railroad），專門協助由美國南方逃亡到北方的黑奴，祕密護送他們前往加拿大獲得自由。雖然當時協助黑奴逃亡是會被判死刑的，但是在美國北方州警嚴密檢查下，仍有些人甘冒生命危險去協助黑奴，成千上萬的黑奴因而重獲自由。

「地下逃亡線」的負責人之一是法瑟爾博士（Bartholomew Fussell），就是露易斯的外祖父。法瑟爾家族的人，有一句口號：「黑奴一無所有，所以幫助黑奴是最好的工作。」他們從小就有這樣的使命感，然後學習各樣專業，散居到美國各州，組成「地下逃亡線」的不同中繼站，當時他們被譏笑為「過度自以為正義的人」與「太想成為殉教士的一批基督徒」。

獨立與叛逆的區別

父親過世後，母親繼續經營農莊，並繼續保護投宿的逃亡者，成為黑奴的庇護所。露易斯寫道：「母親是位意志堅強的女性，喜歡照顧別人，她的一生證明女性能夠在照顧家庭之外，對社會也有貢獻。很多人認為女性獨立是一種叛逆，但是母親的獨立是源自對人類的關懷，因此克服許多困難，幫助更多的人。這種獨立不是叛逆，叛逆是逃避責任的隨心所欲，是摧毀的多於完成的事情。」

一八三九年，母親堅持露易斯應該放下照顧農莊的工作，前往三公里外的京伯頓女子寄宿學校就讀。

校長京伯（Abigail Kimber）在第一堂課就開宗明義的說：「當你進入這所學校，就應該認識學校裡的每棵植物，這是讓你學習感受自然之美的第一步。」京伯開啟了露易斯對自然科學的興趣，她在學校三年，學會辨認校園中兩百多種的植物。

露易斯於一八四二年畢業後，前往外祖父在約克郡成立的女子學校擔任植物學教師，並勤奮自修植物學與動物學。當時的女性比較早婚，露易斯卻一直沒有遇到想追求她的男士，經過一陣子的低潮，她自認是「沒人愛的女性」。但是她又說：「單身反而有更多的機會去照顧別人的孩子，很多人結婚以後不代表結束孤單，而是期待的落空。想結婚的欲望，似乎一直糾纏著我的情緒，如何將這欲望提升為眷顧別人的愛呢？學生的一點進步，就是我對教育之愛的一點回饋。」

家在陽光的那一邊

一八四五年母親病重時，露易斯回到農莊，接下「地下逃亡線」的重任。她寫道：「每當想到別人即將獲得的快樂時，自己一點點的不幸，實在算不得什麼。」

一個年輕的女性，負責一大片地區的救難工作，露易斯一開始很害怕，不久就振奮起來，她寫道：「我敬畏上帝，所以沒有多餘的心思去擔憂恐懼。」兩年後，她母親過世了，露易斯更獨立了，她將農莊取名為「向陽莊」（Sunnyside），種植更多蘋果樹。

一八六一年，美國南北戰爭爆發，北方政府支持黑奴解放，地下逃亡線的成員不用再隱藏身分，露易斯將農莊改成傷兵救護所，讓州政府的公共衛生委員會負責管理，她則前往紐約，跟當時最著名的鳥類學家卡辛（John Cassin, 1813-1869）學習鳥類分類學。

卡辛是十九世紀中自然科學界的傳奇人物，他從小就喜愛蒐集動、植物標本，青少年時就發現一種植物，是當時的植物圖鑑所未登錄的。卡辛從事進口業與印刷業，但是後來他進口世界各地的鳥類標本多於其他商品，且印刷的書本多為精美的鳥類圖片與研究成果。他在晚年說道：「我可以計算出我工作所花掉的時間，但是我在鳥類研究上的時間，幾乎無法估計。」他一生發現了兩百多種新的鳥類，蒐集的標本比著名的「史密森學會」更多。卡辛常用砷去做鳥類標本的保存處理，後來死於砷中毒。

發表第一篇研究成果

露易斯認為她保護黑奴的階段性任務已經結束，但是她看出黑人獲得自由後，仍是文盲，需要有人去教育他們的下一代。要教育別人之前，必須先充實自己。美國在生物學大師亞格西茲（Louis Agassiz, 1807-1873）的建議下，於一八六三年成立了「國家科學研究院」，使研究者較無後顧之憂，學術研究更專業化。露易斯在卡辛的協助下，取得研究獎金，維持自己的生活。

一八六六年，露易斯在《國家科學研究院彙刊》發表第一篇研究報告，鑑定出一種新的鳥類「黑鶇」（Agelaius cyanopus）。過去，很少有女性發表新的生物物種，當時不少科學家質疑這是卡辛的研究成果，不是露易斯發現的。露易斯寫道：「喜愛大自然的人，厭惡人性的偽善，女性的耐心與細心是從事科學工作的優點。」一八六九年，卡辛在工作時突然病逝，露易斯也失去國家科學研究院的研究資助。後來，她成為一名巡迴教師，在美國各高中巡迴教學。她經常教導學生，如何使用顯微鏡觀察鳥類羽毛的結構與分辨植物。

生物科學教育的危機

露易斯長期投身於中學教育後，認為生物科學逐漸產生三個危機：第一，生物科學的研究逐漸由大自然退回實驗室，愈來愈與大自然的美失去連繫；從多數人自發性的喜愛，變成了少數擁有實驗室的人才能研究的對象。第二，生物科學為了追求學術的嚴謹性，逐漸脫離群眾，成為愈來愈冰冷的學術。第三，生物科學的研究是為了了解生命的本質，但它的發展卻愈來愈無法解答生命的意義。當生物科學逐漸失去大自然、失去群眾，更失去生命意義的探索時，生物科學存在的目的到底是什麼？

當時著名的詩人愛默生（Ralph Waldo Emerson, 1803-1882）就寫道：「科學家

像是一個苦行僧，躲在自己的住處，在這角落發現一點，那個角落發現一點，講一點人怎麼生，說一點人怎麼死，卻忽略人整個存在的價值。」當時的學術王國，只有聰明的人才能進來，大家努力的要趕上別人，卻又不知道最前面是什麼。目睹這些現象，露易斯在一八六九年出版了《鳥類自然科學史》（*Natural History of Birds*），首先用胚胎分類學的方法去區分鳥種，並且嘗試用數學去量化不同鳥類骨骼的結構，這些新的論點使她贏得其他科學家的注意。

逐漸成名的背後

隔年，露易斯又在著名的《美國自然科學家》（*American Naturalist*）雜誌發表一種澳州稀有鳥類〈七弦鳥的研究〉，探討七弦鳥的築巢特性與結構。不久，又在同一雜誌發表〈鳥類翅膀的對稱圖示〉。

正當她的研究如日中天，廣獲科學界肯定時，突然之間，她整個崩潰，無法工作。一八七一年至一八七三年期間，她多次因為精神衰弱進出醫院，一八七四年才逐漸恢復健康。她回到兒時的農莊，重新整頓這一塊荒蕪的土地。

一八七五年十月，「第三屆女性會議」在紐約舉行，露易斯獲邀在大會中演講，闡述她在科學界奮鬥多年的經歷。她並未提及被誤會偷竊別人的研究成果，也沒有提到長期沒有穩定的工作，只能依靠巡迴教學過生活的事情；更沒有說到她遭受三年的精神衰弱之苦。露易斯說道：「從事生物學的研究，是赴一場大自然的邀約，在這豐富的邀約裡，如果只限男性參加，不但是女性的損失，也將是全人類的損失。」

普世女性教育的分水嶺

露易斯鼓勵女性參與科學研究，她說：「科學知識並沒有性別的差異，所以科學的研究者也不該有性別的差異。」她的演講，像是一把大槌，敲擅長期以來女性對自己角色的局限看法，也挑戰只有男性才能從事科學研究的觀念。露易斯的演講引發更多人思考：難道女性真的沒有科學頭腦嗎？難道女性除了照顧家庭、生兒育女之外，真的對社會不能有其他的貢獻了嗎？

近代女性的教育權、工作權、參政權等，都是由這些思想延伸出來的結果。一八七五年成為女性獲受更多尊重的分水嶺，從此，美國聯邦政府要求女子教育要包含科學課程。當然，這不是露易斯一人努力的成果，而是由一批傑出的女性共同推動的。

一八七八年，露易斯將經營多年的農莊賣掉，將所得的錢做為個人的研究基金。她仍擔任一名巡迴教師，到邀請她的學校短期任教。由於欠缺博士文憑，她只能在中小學任教，教授「鳥類分類的二十堂課」、「植物分類的五堂課」等。她在費城買了一間小房子做為個人研究室，也是沒有巡迴邀約時的住處。她一生一直期待能在大學獲得一個穩定的教職，但是多次的申請都落空，雖然會有失望的時候，但是另有一條新的道路在為她展開，使她用生命促進了高等科學研究與中小學科學教育的改革。

細菌與水母分類

露易斯繼續在一流的科學期刊發表研究成果，例如一八八二年，她在美國國家科學研究院的年會上發表〈生物學分類的一般原則〉，提出生物分類不只是在比較標本的相異與相似性，而應建立比較的通則，成為分類上的基本步驟。一八八四年，她在一條臭水溝旁邊，看到水底有些白色的黏狀物，就將它取出，放在顯微鏡下觀察，看到一種從未見過的細菌。她將細胞的結構畫下來，並且仔細分析其生長的環境，發現這種細菌能夠生長在氧氣非常缺乏的水中，這種細菌後來稱為「白硫絲菌」（Beggiatoa）。發現白硫絲菌是項重大的成就，它證明在硫化物濃度高的劇毒水中，也有細菌能夠生存其中。

一九〇二年，她在《美國自然科學家》雜誌發表一種南美洲已經滅絕的蹄狀動物，是過去未被分類過的物種。此後她又在「德拉瓦科學協會」上發表魚類的一些重要特徵，又發表海洋中「放射蟲」（Radiolaria）的分類特徵。一九〇九年，她繼續發表美國沿海「水母」（Jellyfish）的分類研究。一九一一年，她已經九十高齡了，還是到海邊沙灘上撿拾被海浪沖上來的水母屍體，在「德拉瓦科學協會」上發表櫛板動物門的分類。

讓小學有座花園吧！

一八七〇年代末，露易斯在生物分類學的研究，已獲得科學界的肯定。但是，她最大的貢獻不僅是在科學研究，更是在突破近代生物科學教育的危機。為了讓學生可以在大自然裡重拾對生物科學的喜愛，她在全國推動「花之任務」（Flower Mission）：在小學校園設置花園，讓學生由種花的過程中，親自觀察生物生長過程的奇妙。她建議學校，除了栽種美麗的花卉外，也要種植不開花的蕨類；除了種市場賣的花種外，也要移種當地的野花。她鼓勵學生蒐集花的落瓣、落葉，在顯微鏡下觀察，並畫下外表的特徵，也建議學生在一天不同的時候去觀察花的變化。她告訴學生：「當你這樣做，你會發覺周遭不斷的有一百個、一千個奇妙的事在發生。」她並且要學生採收所種的花朵，送給當地醫院裡的病人。

露易斯絕對沒有想到，「花之任務」在全國小學的自然教育產生多大的回響，逐漸的，許多小學校園裡有學生自己經營的花圃與菜圃。後來，美國政府為了感謝她的貢獻，就將「向陽莊」買下，改成一片大花園，以她的名字命名為「葛蕾絲安娜花園」（Graceanna's Garden）。露易斯也建議在中學成立「寵物屋」（pet's house），讓學生有照顧動物的經驗，甚至讓學生將動物帶回家養，期末再將動物帶回學校。在規模較小的學校成立「繭屋」（Cocoon's House），讓有興趣的學生將蟲繭帶回家，蟲繭成蛾後，學生需要繼續照顧，蛾產卵，卵再孵化成蟲，蟲成繭後再交回給學校。

改革自然科學教育的切入點

露易斯的第二個任務，是讓更多的社會大眾，能夠接受大自然的邀約。她認為科學教育有四個切入點。第一，是傳統性的，例如學校課本介紹科學定理與實驗程序；第二，是介紹「科學新知」，滿足一些人對近代科學的好奇；第三，是「科學文學」的呈現，直接去喚醒讀者的理性與感性；第四，是「科學圖鑑」，讓人從大自然與科學圖鑑中自我學習，進而產生喜愛自然科學的動力。

一八九〇年，露易斯看到「花之任務」與「寵物屋」在各中小學獲得熱烈的響應，轉而學習水彩畫。一八九二年，她用水彩畫出辨識賓夕凡尼亞州森林葉子的圖鑑，她的畫不僅具有藝術之美，也具有科學的精確。這本圖鑑在一八九三年芝加哥舉行的世界博覽會中獲得金質獎，一九〇一年在水牛城的「泛美展」又得到金牌獎，一九〇四年在聖路易斯市的「路易斯安那商展」又榮獲金質獎，後來被賓州州立大學永久珍藏。

生物圖鑑對社會教育的重要

很少科學家會有如此傑出的美術作品，但是露易斯憂心忡忡，她要的不是這些獎牌，而是要讓《生物圖鑑》成為接受大自然邀約的導引。她繼續繪製《蛇類圖鑑》、《鳥類圖鑑》、《野花圖鑑》等，但是沒有出版社肯出版，因為《生物圖鑑》不是市場的暢銷書。露易斯轉向國家科學研究院申請，當時國家科學研究院的經費很多，吸引各地的傑出學者來美國做研究。弔詭的是，「科學研究」可以申請到很多錢，「科學教育」卻沒有錢，國家科學研究院拒絕露易斯的申請案。

露易斯又轉向教育部申請，教育部卻認為《生物圖鑑》不是學校用的課本，不予補助。後來有一位匿名的老婦人知道這件事情，就在遺囑上註明：「我出錢，出版露易斯的《生物圖鑑》。」

《生物圖鑑》果然不是暢銷書，卻是長銷書，是社會大眾自我教育的讀物。露易斯晚年寫道：「願我的一生，成為給孩子的一件禮物。」她沒有結婚，沒有孩子，但藉著她的《生物圖鑑》，許許多多的孩子因而受益。

生命的存在是有意義的

一八九〇年，七十九歲的露易斯已經沒有力氣到各處當巡迴教師了。她回到自己的小屋，進行她的最後一件任務，在生物科學中教導孩子生命的意義，這是一般生物課本未曾著墨的。她在《都市人》雜誌有個專欄，描述大自然在不同季節的變化。她寫道：「觀察大自然是最純潔的樂趣，永遠不會讓你感到無聊，能夠提升你的心志，培養你對別人的尊重，穩定你的個性，讓你的生命更活潑。讓觀察大自然成為你一生的習慣，使你邁向那光明、愛與存在之永恆的源頭。」

露易斯在貴格會出版的週刊《智者之友》上也有一個專欄，叫做「鳥類和牠的朋友」，介紹鳥類的羽毛、飛翔、歌唱、與食物，並寫道：「要認識一幅偉大的繪畫，必須先認識畫作背後的作者；要認識大自然，必須認識造物主，否則科學會徒然成為一種智力活動。」

露易斯也是一位研究演化論的學者，英國的演化論大師赫胥黎（Thomas Henry Huxley, 1825-1895），在訪問美國時，曾稱讚她是：「在系統分類學上有最新與最深入研究的人。」但露易斯經常引用哈佛大學教授植物學大師格雷（Asa Gray, 1810-1888）所講的一句話：「演化是一種機制，但不是生命存在的第一個機制，也不是生命結束的最後一個機制。」一八九六年，露易斯在〈真理與真理的教師〉一文中寫道：「自然的法則是上帝的法則，所有自然力量的影響看似複雜，卻讓生物之間存有和諧的關係，因此，生物的存在不是自然力量盲目的篩選，而是藉著在環境中的掙扎，邁向完美。」

露易斯的專欄文章，獲得許多年輕學子的回應。她說：「孩子們的回信，是我的最高獎賞，也是我繼續創作的泉源。」

一九一二年二月十五日，露易斯停止了在世上的工作。她年輕時，護衛許多黑奴重獲自由；年老時，在生物科學的研究與教育上，護衛許多學生重獲大自然豐富的邀約，並激勵許多女性踏上科學研究的路程。

027
與十九世紀傑出女性科學探險家相遇

No.

2

全世界第一位女醫生

布蕾克威爾

Elizabeth Blackwell

伊莉莎白・布蕾克威爾是人類歷史上，第一個取得醫學學位的女性，也是第一個取得證照，開業行醫的女醫生。她成立了世界上第一家婦幼醫院「紐約婦幼診所」。一八六九年，在英國成立「倫敦女子醫學院」。二十世紀初期，許多傑出的女醫生，都是她培育出來的。

半夜三更，布蕾克威爾（Elizabeth Blackwell,1821-1910）獨自一人走在美國紐約的貧民區裡，背後的腳步聲已經跟隨她一段時間了，她知道自己身陷險境。不過，為了拯救那個染上猩紅熱、生命垂危的孩子，她告訴自己不要害怕。

後面的腳步聲愈來愈近，她看到前面的街角有個警察局，立刻飛奔過去。此後，每次她到這一帶出夜診，總有一個高大的警員陪著她，不再有人敢在她身後作怪。

一八五七年，當她在紐約成立世界上第一家「婦幼醫院」時，圍繞在醫院外面的不是恭賀的花圈，而是成群唱反調的民眾。「我們可以相信女人，但不能相信女醫生！女人開的醫院，是會害死人的。」「女人的頭腦不清楚，怎能看病呢？」當眾人快要把醫院大門撞破時，那個高大的警員出現了：「我親眼看過布蕾克威爾醫生醫治了很多人。」群眾安靜下來後，這個警員隨即說道：「何況，當我們進了醫院，我們的生命不僅是在醫生的手中，也是在上帝的手中。」

伊莉莎白・布蕾克威爾是人類歷史上，第一個取得醫學學位的女性，也是第一個取得證照，開業行醫的女醫生。她成立了世界上第一家的婦幼醫院「紐約婦幼診所」，並且在一八六四年四月十三日，在紐約成立「女子醫科大學」。一八六九年，又於英國成立「倫敦女子醫學院」。二十世紀初期，許多傑出的女醫生，都是她培育出來的。在她以前，醫生的職業是男人的專利，在她以後，女醫生在世人眼中才漸漸不再稀奇。也因為她，各國的醫學院才開始招收女學生。布蕾克威爾這個名字，已經是「女人也可成為好醫生」的同義字。但是有誰知道，當年她為什麼會投入這個沒有女性參與的領域呢？

熱愛學習的女孩

十九世紀初期，女人除了結婚、生孩子之外，沒有其他的工作機會，只要學習彈琴、唱歌、女紅、烹調，不需要念什麼書。但是布蕾克威爾的父親不這麼想，他認為，對一個女孩子而言，生命是一場值得歷練的探險，因此，「教育是讓女孩們去探險的基本裝備。缺乏教育，就會喪失機會。」他有五個女兒、四個兒子；布蕾克威爾生於一八二一年二月三日，在五個女兒中排行第三。父親請老師來家裡，教五個女兒德文、歷史、文學、音樂。老師對布蕾克威爾小時候的評語是：「像隻小老鼠一樣，終日停不下來。總覺得老師教得少，不夠她學。她如果是個男孩子就好了。」

一八三五年，這個好學的家庭遭受打擊——父親經營的煉糖廠慘遭火災，整個工廠付之一炬。父親只好搬家到俄亥俄河畔的辛辛那堤城重起爐灶。布蕾克威爾因此認識了鄰居比撤小姐（Harriet Beecher，1811-1896），兩人成為終生摯友。比撤小姐後來嫁給斯托牧師，她在一八五二年寫了一本舉世聞名的小說《湯姆叔叔的小屋》（*Uncle Tom's Cabin*）。

投入醫學的關鍵點

一八四〇年，父親病逝，糖廠也因債務而遭抵押。布蕾克威爾就開設了一所小學，教一些學生，幫助維持家計，並且負責教育她的兩個妹妹。她是做什麼事都全力以赴的人，很多人把孩子帶來給她教。當時一個學生家長寫道：「這個老師有一種特殊的魅力，她一上課，所有的孩子就會乖乖聽她的。」

在這期間，有一個年輕人向她求婚，她想了幾天之後拒絕了。因為，她覺得她該去完成一件任務，只是她還不知道那個任務是什麼。

一八四五年，布蕾克威爾工作之餘，去為一個病重的老婦人讀詩。有一天，這個老婦人說：「我經常想，為什麼沒有任何一個女性成為醫生呢？如果有女醫生，我的病因一定可以早一點診斷出來，也不會拖到今天。」布蕾克威爾順口答道：「對啊！為什麼沒有女醫生呢？一定沒有女性去讀醫學。」隔天，老婦人又重提這個話題，並且定睛看著布蕾克威爾說：「你是讀醫學的人才。」「我？念醫學？我從來沒想過。要背一大堆骨頭的學科，太無聊了！」老婦人有智慧的答道：「如果你願意將你的一生，投入在一個非常關鍵的位置上，你就應該把對醫學膚淺的看法放在一邊。」當天晚上，布蕾克威爾在日記上記下這一段對話，末了寫道：「我腦中忽然有一種說不出的盼望，開始滋長。」

布蕾克威爾把她想要習醫的想法告訴周圍的人，卻沒有人支持或鼓勵她。畢竟當時世界上沒有任何一個女醫生，醫學院也只收男生。只有一個馬車夫支持她道：「要成為醫生？那要很多勇氣，但是我知道，你很有勇氣！」布蕾克威爾決定向未知的醫學生涯踏出腳步。

她聽說在北卡羅萊納州的亞斯比裡鎮，有一位迪克遜牧師，他曾經是一個非常傑出的醫生，並且非常樂意教導別人。除了在教會牧會之外，他還開設了一間女子學校。

布蕾克威爾就前往那間女子學校擔任音樂與閱讀老師，順便向迪克遜牧師學習物理、化學與解剖學。布蕾克威爾不眠不休的念書，晚上經常就伏在書桌上睡覺。迪克遜牧師寫道：「如果布蕾克威爾進到醫學院念書，會讓其他醫學生感到羞愧，因為他們的學習態度實在太散漫了。」

兩年後，她向著名的哈佛大學、賓州大學、耶魯大學等醫學院申請入學，結果全遭拒絕，理由是「醫生是一門艱難的工作，不適合女性」、「無先例可循」。迪克遜牧師建議她再申請一所不見經傳的小學校，因為「愈是有名的學校，愈在乎社會對它們的看法。反而是無名的小學校比較有彈性。」果然，一八四七年，紐約市郊的「日內瓦醫學院」錄取了她。這是一所很小的醫學院，主要是訓練一些農家子弟或是轉行的牛仔到鄉下擔任醫生。

實習不幸遭受打擊

不久，這所醫學院的老師就發現，每次上課前最早到、下課後最晚離開教室、每科成績都是全班第一名的，就是那個唯一的女學生。寒假時，她到布拉克雷監獄醫院實習，這是她唯一能找到的實習地方，布蕾克威爾這時給母親的信中寫道：「當別人嘲笑我時，我更堅信成為醫生是我的責任，我相信總有一天，上帝會讓世人的眼睛睜開，女人也可以成為第一流的醫生。」

不久，她發表論文《斑疹傷寒的原因與醫治》（*The Causes and Treatment of*

Typhus），並在一八四九年取得醫學學位。畢業後，她申請前往法國的馬德耐醫院實習，又遭拒絕。布蕾克威爾說：「我認為『偉大』的定義並不是為自己完成了什麼大事，而是肯為了別人而屈就小事。」她以實習護士的身分進入該醫院，被分發到嬰兒房工作。馬得耐是當時法國最著名的醫院，光是婦產科，一年就接生了三千個嬰兒。布蕾克威爾不久就獲重用，卻也在這裡遭受到人生最大的打擊。

一八四九年十一月四日，她一早起來就到病房，為一個眼睛發炎化膿的嬰兒滴眼藥，由於病房光線很暗，她把嬰兒抱得很近，才能給嬰兒施眼藥，沒想到嬰兒一掙扎，把一些眼液濺到她的眼內。布蕾克威爾當時也沒有注意到，繼續工作。這個意外與疏忽，使得布蕾克威爾的眼睛受到感染，一個星期後瞎了右眼。這對於一心想成為醫生的布蕾克威爾而言，是何等沉重的打擊！她回家之後，連續幾天把自己關在房裡，又哭又笑，她的母親擔心女兒瘋了。

ELIZABETH BLACKWELL · FIRST WOMAN PHYSICIAN

鼓起勇氣重新出發

布蕾克威爾說：「人生是不斷往前的一條路，留在悲劇情結中太久，才是真正的悲劇。無助之時，我才體會那個更高的呼召，給了我最大的力量。自憐不過是水裡冒出的泡泡聲，我不再讓那種泡泡聲影響我。」一八五一年，她再到英國聖巴多羅買醫院，接受當時最著名的醫生貝吉特（James Paget）的指導。

布蕾克威爾學成歸國後，在紐約市第十一街執業。起初都沒有病人上門，她就主動出擊，到處為人義診，並且到教會演講：「醫學講座──女孩健康教育系列」，後來講稿成書，廣泛流行，深獲好評。她提出：「女性的細心與愛心，是成為好醫生的特質。」也逐漸被一般人接受。她的演講邀約，來自世界各處。只有一隻眼睛的她，在講臺上精神抖擻，活脫就是熱愛人生的典範。

到了晚年，布蕾克威爾才漸漸明白，若非瞎了一眼，她頂多成為一個一流的外科醫生，但是她卻轉向成為醫學教育家。當醫學教育家，錢是少賺了，但對世界的影響力卻更大。她後來寫道：「熱情的人有一個危機，就是靠著熱情向前衝，因為停不下來，以致失去真正的目標。人應該偶爾停一下，冷靜思考。」

布蕾克威爾到處演講提倡：「醫院應該像一個家庭一樣，有快樂的氣氛，幫助病人復甦，有著花園、柔和的音樂，陽光充足，並且有人來為病人念詩，因為喜樂的心乃是良藥。」她也呼籲：「讓黑人也有接受護理與醫學教育的權利。」在她的婦幼醫院裡，她率先聘用黑人女護士，並且拒絕以膚色區隔病人待遇。她在她的書《如何保持居家健康》（*How to Keep a Household in Health*）中提出：「做為醫生，最大的責任不是僅是醫治病人的疾病，還有保持人的康健……。一個醫生如何對待貧窮的病人，正是區分他是『醫生』還是『醫匠』的關鍵點。真正的醫生，肯定人的價值；醫匠的眼中，病人只是消費者。醫生看的是生病的人，醫匠看的是填病歷的表。要成為一個真正的醫生，不只需要專業學識，更需要信心與勇氣。」

提倡正確的性教育

一八七九年，布蕾克威爾出版《幼童道德教育父母指南》（*Counsel to Parents On the Moral Education Of Their Children*）一書，書中寫著：「放縱孩子有性行為，對於孩子的道德教育是很大的摧殘。讓孩子知道守身自愛，是道德教育的基礎……，但是也要教孩子，性是男女雙方自然吸引，不完全是罪惡的事。性的罪惡，在於性可能成為控制人行為的最大動機。性的吸引力應該是由正確的、道德的法則來引導。」她說：「孩子的性教育不該只講性技巧、性病防治，更應該討論性的倫理觀。」

一九一〇年五月三十日，布蕾克威爾病逝。她在臨死前寫道：「願有更多的女性為著上帝與人類，投入醫學的工作領域。」

041

與十九世紀傑出女性科學探險家相遇

No.

3

探險追尋野花的美

植物學家弗畢綺

Kate Furbish

凱特·弗畢綺，十九世紀傑出的園藝學家。

她從小罹患關節炎，卻克服身體的障礙，成為一個探險家，她攀山、溯溪、深入沼澤，找到了許多稀有植物。

她研究瀕臨絕種植物的棲地環境，她認為這些棲地的獨特條件，是需要人類悉心維護的。

弗畢綺最後成為保育瀕臨絕種植物的先驅。

鍋店老闆的女兒

一八三四年五月十九日，凱特・弗畢綺（Kate Furbish，1834-1931）生於美國新罕布夏州的愛克斯特城。她的父親來自一個貧窮家庭，少年失學，去當錫鐵鋪的學徒。學得好手藝後，沿街為人補鍋，認識了一位花藝店老闆，老闆很欣賞他的為人與補鍋功夫，就將女兒瑪莉・蘭嫁給他。弗畢綺出生後不久，父母親遷往緬因州的本斯威克城，在那裡開了一間鐵鍋店，兼賣花盆、種子與農具。當時本斯威克約有四千居民。

弗畢綺從小就跟父親學習製造鍋子，跟母親學習辨識花草植物。鎮上沒有藥店，父親開的雜貨店就兼賣花草藥，咳嗽的人來買野薑，胃脹的人來買百合，流血的人來買野蕨根，因此，弗畢綺認識了許多野生植物。店裡缺貨時，她跟著母親到深山採集藥材；她發現野地的花草，種類又多又美麗。

一八四四年，她讀小學時，在志向欄上寫道：「期待做一個認識每一朵野花的人，並且希望能夠像野地的花兒那麼強壯。」

從小，弗畢綺在天冷的日子，手腳關節就會疼痛，而緬因州的冬天似乎又特別漫長。關節的疼痛使她愈來愈無法走路上學，中學只讀了一年，她就休學了。她寫道：「仍然期待學習每一件事。」休學之後，母親禁止她爬山採集花草，弗畢綺的個性愈來愈退縮，成天待在家裡幫助父親捶補鍋子，幫助母親賣花草。身體的殘障，彷彿逐漸成為心靈的陰霾。

一本書啟發她對植物學的熱愛

一八四八年，弗畢綺自鎮上的圖書館借回一本新書《北美植物手冊》，愛不釋手。作者是十九世紀美國最傑出的植物學家葛雷（Asa Gray, 1810-1888），這本書後來多次再版，又稱為《葛雷手冊》。

葛雷本來是要當醫生的，就讀康乃狄格醫學院時，愛上植物學，並以自修方式讀遍學校圖書館中有關植物學的書。二十六歲時，他前往紐約「醫學與外科學院」繼續深造，並寫了《植物學原理》。他的同學都開院行醫，葛雷卻忍不住對研究植物的狂熱，到歐洲學了一年植物標本製作法。學成回國後，在哈佛大學擔任植物學教授，並且有系統的蒐集與研究各地的植物。

葛雷接著又寫了一本《植物如何成長》的書，他在書中寫道：「花是植物世界裡最有趣的一部分。植物學家不只欣賞花的美麗，也讚賞花的巧妙結構與多樣化的表現。何等的奇妙！在成熟開花時，是最容易區分植物的時候，由花的特徵就很容易將它們分類。」葛雷的著作受到許多植物喜好者的鍾愛，包括弗畢綺。

植物博物館是她的夢幻學校

透過欣賞周遭野花的美，弗畢綺逐漸走出失學的陰霾。她到屋外、街旁摘取野花。她架起畫架，用水彩將花的根、莖、葉仔細描繪下來。本來，她認為這僅是幫助自己深入認識野花的方法，沒想到日後卻成為她的獨特專長——將植物研究與藝術結合。

一八五八年，哈佛大學成立「植物博物館」，弗畢綺要求父母讓她參觀這所博物館。父母起初不答應，因為哈佛大學與本斯威克的距離，對於不良於行的弗畢綺而言，稍嫌遠了一些。那年，緬因州的冬日似乎特別寒冷，到了隔年四月冬雪都尚未化去，弗畢綺就到屋外去尋找春天將臨、大地所開的第一朵野花，父母看到這個情況，終於答應女兒的要求。

前往波士頓的哈佛大學，是弗畢綺第一次遠行，她興高采烈的抵達「植物博物館」，在館內流連忘返。這位熱情的觀眾，立刻引起博物館館長古岱爾（George Lincoln Goodale, 1839-1923）的注意。古岱爾是一位植物生理學家，他最大特點是很會鼓舞他人。古岱爾最為後人津津樂道的是，他發現一對德國來的父子布拉斯科達，有一種特別的玻璃製造法。古岱爾鼓勵這對父子用製造玻璃的技術，為博物館製造花草的標本，這對父子為博物館的八百四十種植物，製造了三千件的「玻璃花」，成為美國最獨特的科學與藝術瑰寶。

古岱爾與弗畢綺一談，就感受到她對植物學的熱愛，是哈佛大學植物系培養不出來的。他鼓勵弗畢綺明年再來，他可以教她植物學與植物標本的製作，他更鼓勵弗畢綺繼續作畫，但是要學習畫出植物的分類特徵。

古岱爾告訴弗畢綺：「完成一幅植物標本的畫是非常不容易的，你必須知道在什麼時候、什麼地方、什麼環境，才能在一幅畫中同時呈現植物的每一部分。」

「但是有人認為畫植物是在浪費時間，用照相機拍攝不是更快嗎？」弗畢綺道出存在心中很久的疑慮。「照相機永遠拍攝不出一流的植物圖鑑。因為在一瞬間，拍不出植物細膩的特徵，而且照片背景太複雜，反而難以凸顯植物的特色。」

成為植物標本館的館員

一八六〇年至一八七〇年，弗畢綺每年冬天都到哈佛大學，跟隨古岱爾學習植物學與標本製作，並在課餘參觀波士頓的美術館與畫廊。她寫道：「為植物作畫的筆，需要有一雙了解植物的眼睛。」為了更加了解小花，她積極的活下去，她規律的運動，學習騎馬、攀岩、涉水、划船，愈來愈健康。一八七〇年四月，她說：「我已經準備好了，為發現更多的植物，我必須成為一個野地的探險家。」同年，她成為「哈佛大學植物標本館」兼任管理員，她的任務是蒐集各地稀有植物的標本。

在學習成為一個植物學家的過程中，弗畢綺的世界並非花香常漫。一八六一年，她說：「對愛情的期待讓我心深處有無以言喻的軟弱，彷彿占領我所有的思考，又似乎不是那麼真實。也許下一次我在路上遇到W.，我將平淡的自他身邊走過。那天我看到他微啟的薄唇，輕輕呼叫我的名字，我就激動得難以自處，我的世界像被一部攪拌機非常攪得混亂。」這是弗畢綺的初戀，也是她唯一的一次戀愛，內向的她始終沒有明說W.是誰，但是她的日記不斷寫下內心的掙扎。

大地的小花使她永不孤單

資料沒有記載，她是如何走出這場感情的風暴，只是在一八七四年一月三十一日的日記上寫道：「無意中在某個城市又遇到W.，沒有打招呼的走過，我從來沒有期待獨身過一生。即使獨身，我相信我仍然可以活得很好，可以把事情做好，可以在臨終前聽到上帝對我歡迎的呼喚。」

走出感情風暴，迎面襲來的是父母的重病，弗畢綺暫停了前往哈佛大學的學習，以三年的時間，一方面照顧父母，一方面支撐鍋子店的生意。一八七三年，父母相繼在一個月內去世，弗畢綺寫道：「夜裡，我走到屋外，天上的繁星好似我的淚水傾洩，我擦去淚水，望向高處，忽然想到上帝知道如何數算眾星，上帝知道最偏遠小星星的名字。明天太陽出來的時候，我該去野地看看。每一朵野花的花蕾，每一片微捲葉子的結構，每一片花瓣，每一個待放的花苞，都是上帝對我心靈喜樂的邀約。」

一八七四年，弗畢綺又到哈佛大學繼續中斷三年的植物學課程，她在波士頓認識了蕨類學家戴文波特（George Edward Davenport, 1833-1907）與「麻薩諸塞州園藝協會」的一些花草研究者，弗畢綺與他們互稱為「植物之友」，定期通信討論植物。

一八七五年，弗畢綺在學習騎馬時，自馬上摔下，在醫院躺了四個月，出院後，她又去騎馬。有人說她受到的挫折太多，以致瘋了。也有人知道她為什麼如此做，尊稱她是「花女士」。一年後，她成為一流的騎師，能夠快速的策馬入林。

植物探險的先鋒

在緬因州北部，有一大片人煙稀少的原始森林，弗畢綺寫道：「這裡長滿山毛櫸、楓樹、松樹、橡樹、山茱萸……，我是森林中的斥候部隊，在每一處山澗，每一條小溝，注意稀有植物的蹤跡。」不同於一般的植物標本製作者，她不僅製作保存標本，而且用水彩畫將植物標本畫下來。「當我在為植物作畫時，好像是用我的血液在當塗料一般。除了植物之美外，我還需要注意科學的嚴謹觀察，浮華的添加只是對科學的污損。」

一八七七年，哈佛大學與「麻薩諸塞州園藝協會」共同展出弗畢綺的植物標本畫。弗畢綺與會，她描述道：「植物學界與園藝學界仍是以男性為主的圈子，我在人群中像是一株闊葉樹在針葉林中，不過，為了讓更多人認識野花的科學之美，在成為眾人注意的焦點時，我應該坦然。」會中，她遇到自己少女時代的植物學英雄葛雷，葛雷稱讚她的畫「具有科學的精確」。

勇往一去不復返之河

弗畢綺探險的足跡愈來愈北上，橫在她前面的是美國與加拿大邊界阿魯斯圖克（Aroos took）區七百二十公里長的聖約翰河。這條河源於加拿大新伯倫威克（New Brun-swick）高原，流經一大片原始森林後，注入芬迪灣，這是北美最杳無人跡的地區之一。河中有許多沼澤，是傳說中很可怕的地方，連早期北美洲的印第安人也很少進入，稱那是「一去不復返之地」。弗畢綺請教一位曾進入該地的獵人，獵人說：「野花？那是連一束陽光都透不進的森林，還會有什麼野花呢？」

一八〇〇年夏天，聖約翰河水位較低，弗畢綺僱了哈佛大學的男學生，陪她划著獨木舟，進入這條披著恐怖傳說的河流。女性探險家是少有的，為了野花去探險更是少有。

雖然正值盛暑，聖約翰河仍有一些碎冰漂浮水面，弗畢綺小心翼翼的划船而上，遇到瀑布，還要抬舟爬山，爬到瀑布上游水緩之處再往上划。遇到水淺擱舟，一方面要提防水中的水蛇，一方面還要下水推舟；遇到沼澤，更須披上蚊帳，以防蚊蟲。沿途，她看到巨大公鹿為了攝食淺水處的鮮苔，陷入致命的沼澤。她也看到水邊有腐爛的小舟，有些獵人就是在那裡登岸，再也沒有回歸。「河中最危險的不是它的環境，而是內心的孤單。聖約翰河太安靜了，長期聽不到聲音，令人孤單得受不了。有時，學生就在船頭放一槍，這樣可以聽到一些回聲。」

弗畢綺在河邊蒐集了許多植物標本，在距離河口兩百零八公里處，她看到水邊有一株野花，她記載：「我從來沒有看過這種植物，葉緣深裂，葉互生，葉形像是蕨類，愈是植株上部的葉子愈小，莖頂有黃色小花成串，花有唇瓣，花苞外圈圍有綠色苞葉，株高約一公尺。」她採了一株，又繼續往河上溯，一共記錄了兩百多種野花。

離開聖約翰河，弗畢綺將花製成標本，送往哈佛大學植物標本館，正如她所觀察的，這株黃色的玄參科蝨子草（Lousewort），是外界從未見過的新種。這種植物後來就以弗畢綺的名字命名，稱為「弗畢綺草」（Pedicularis Furbishiae），美國植物學會因此頒獎給她。

瀕臨絕種生物的保育概念

一八八一年至一八九五年，弗畢綺多次進出聖約翰河，這期間她又發現一種新的菊科翠菊（Aster），也是以她的名字命名為「弗畢綺菊」（Aster cordifolius L. Var Furbishiae），美國植物學會再次頒獎給她。但是弗畢綺最大的貢獻，不只是發現新物種，而是她提出這些極稀有的植物，是生長在「非常特別的棲地」，她認為這種特別的棲地環境一旦有所改變，稀有的「弗畢綺草」就會無法適應而消失。這是後來「瀕臨絕種物種」保育最重要的概念。「稀有生物之所以瀕臨絕種，是因為它只能適應非常特殊的環境。」所以，保護特殊的棲地環境，成為保護稀有物種的最主要方式。

弗畢綺調查「弗畢綺草」的棲地環境，發現這種草只長在向北的山谷，谷中水流強勁、低溫，而且旁邊一定有赤楊樹。赤楊樹的根部有固氮細菌，自空氣中的氮氣獲取蛋白質，使赤楊樹能夠生長在養分較低的河邊土壤上，「弗畢綺草」是半腐生性的寄生植物，只能自腐爛的赤楊植株獲得生長所需的養分。要在向北、低溫、流水旁、赤陽樹下、腐爛的植株旁，這麼特殊的環境下，方能生長出弗畢綺草。

一八九六年，風濕性的關節病又使她逐漸不良於行，因此轉而研究蕨類與菇類。她寫道：「這世界上沒有一種植物是『野生』植物。如果仔細研究觀察每一株野生植物，這些植物的美，一定使人有所得。因此怎能稱她們是『野生』的呢？」「所有的植物都像人一樣。生有時，發芽有時，成長有時，成熟有時，衰老有時，死亡有時。每一棵植物各有喜好：有的趨向陽光，有的偏向陰影；有的嗜熱，有的嗜冷；有的幾天枯萎，有的數月凋零，有的三年、四年、二十年、四十年、一百年，甚至更久才死去。這是自然界的奇妙，在一樣的生長環境下，不同的植物竟有如此大的差異。生有時，死有時，生命不在自己的手中，又是如此迅速的過去，因此我更珍惜每一天。」

願一生的努力成為孩子的禮物

一九〇五年，弗畢綺將所繪的四千種植物，出版十四巨冊的《緬因州的花》（*Flora of Maine*），她在前言寫道：「願孩子們喜歡這些植物」。當她再也不能到野外採集標本時，她回答各地學生、教師寄來有關植物的詢問，她開始與一些喜愛植物的學生長期通信。其中有一位學生弗納德（Merritt Lyndon Fernald, 1873-1950）自六歲就與弗畢綺通信，達四十多年之久。弗納德後來成為哈佛大學教授，在植物地理學的領域，發表了七百五十篇的研究報告。

弗畢綺一生僅發表過一篇研究報告，就是刊登在《美國自然科學家》的〈一位植物學家的奧斯都可之旅〉（*A Botanist's Trip to the Aroostook*），但是，她在教育方面的成果卻結實纍纍。

一九二〇年，弗畢綺已經無法獨自照顧自己了，她搬進養老院。生活步調仍很緊湊，她一方面學法文，一方面在養老院開植物學與查考聖經班，她認為：「能做事就是愉快的事。噢，工作、工作、工作就是享受。」

她在晚年寫道：「漫長的冬日，我躺在床上思索，到底我一生完成了什麼？也許我還可以病癒起床，到佛羅里達州尋找更多的植物，唉，也許我再也無法離開這裡了。年紀愈老邁，我就愈期待有另一個永無衰殘的世界。我終於明白我一生所做的，只是永恆的一小部分。」

一九三一年十二月六日，弗畢綺啟程前往另外一個永不衰殘的花園。

環境倫理的省思

一九七五年，美國政府決定要在聖約翰河建築一個大水壩，由美國工兵團負責施工，水庫建造費約計六億七千萬美元，預算已經通過，水庫蓋成後可供水力發電。但是在環境評估時，發現水庫蓋成後，將有八萬八千英畝的淹水面積，會淹到一八八〇年弗畢綺發現「弗畢綺草」的河岸，那裡仍長著弗畢綺草。

美國聯邦政府經過一年的評估，否決了這個水庫建造案，這成為世界環境保護運動的一個典範。弗畢綺生前絕對沒有想到，她在美國緬因州一角所從事的，會影響近代人類的價值思考：人類到底有沒有權利，為了自己經濟的好處，消滅一種瀕臨絕種的生物？

No.

4

建立精神護理的護理先鋒

理查絲

Linda Anne Judson Richards

她總是在眾人忽略的角落，靜靜的，放下一顆顆堅固的石頭，時間印證了她是對的。

琳達．理查絲為日本建立了護理制度，更為全世界的精神病患建立了「精神護理」。

喜歡照顧別人的女孩

一八四一年七月二十七日，琳達．理查絲（Linda Richards, 1841-1930）生於美國紐約州北方的小鎮波斯丹，她有三個姊姊，父親是鎮上的牧師。

在她四歲時，父親帶著全家與鎮上的一些居民，駕著篷車前往密西根湖邊的森林拓荒。不久，理查絲的父母都染上了肺病，拓荒小鎮剛成立，父親就病逝了，母親只好帶著四個孩子回到自己的娘家佛蒙特州紐伯里。

理查絲回憶小時候：「冬天時媽媽咳得很厲害，居里醫生看後，搖搖頭說：『期待春天趕快來到』。」居里醫生每次來，都看到理查絲站在病床邊，就教她簡易的居家護理。理查絲寫道：「醫生首先教我如何將家裡的盤子洗乾淨，再教我如何翻枕頭，將被單鋪平，後來又教我如何由母親的病徵判斷她的病情。」居里醫生一定沒有想到，他無意間教導的這一個小女孩，後來成為「精神護理」的開創者。

以從事護理為榮

一八五四年，理查絲的母親病故，她與姊姊同住。兩年後，三個姊姊都結婚離家，她搬去與外祖父同住。她除了在學校念書之外，也幫居里醫生照顧一些病童，她在十六歲時寫道：「護理能減輕病人的痛苦，是善良又令他人喜悅的工作。當別人說我是一個天生的好護士時，我覺得那是對我最高的讚美。」

成為一個好護士，還需要許多準備，但是那時美國還沒有護理學校。一八五六年，她申請進入聖．瓊斯堡學院，這是一所師範學校，一年後，她取得小學教師資格。畢業後，她向當地一家醫院申請擔任護理人員，但是被拒絕，理由是她的教育程度太高。當時的護理人員未經正規訓練，也不需要受什麼教育，護理人員像是醫院裡的女工，不受人尊敬。

她轉而申請當一所小學的教師，在學校期間，除了上課之外，她也自願擔任學校保健室的護士。下課以後，她又義務到病人的家裡當看護。學生看她總是在病人家中進進出出，為她取了個「蜜蜂」的外號，她卻寫道：「我期待奉獻一生，從事照顧病人的工作。人若知道生病的痛苦，就知道照顧病人是何等重要的工作。」但是當時的醫院，還不認為護理工作需要這麼神聖的使命感。

白屋裡的初戀

理查絲逐漸成為鎮裡著名的護理義工。在鎮外有一棟白色的大樓房，住著當地最富有的浦爾女士。浦爾女士在年輕時就守寡，她沒有孩子，但有許多財產，她是鎮上最冷酷的女人，素來不與人來往。當她年老行動不便，需要有人看顧時，就找上理查絲。不久，理查絲對護理工作的愛，深深感動浦爾女士。一八五九年，理查絲的外祖父病逝，浦爾女士請理查絲搬去與她同住。

理查絲本來以為浦爾女士的邀約，只是為了就近照顧，沒想到這位寡婦另有計畫。寒假到了，理查絲在家裡的時間較久。有一天，來了一個年輕的訪客喬治・浦爾（George Poole），他是浦爾女士的姪兒，是位熱衷雕刻的藝術家，浦爾家族財產的繼承者。以後數個月，喬治．浦爾「順路」前來探訪的次數愈來愈多，他贈送給理查絲的雕刻品也愈來愈細緻。一八六〇年，喬治．浦爾與理查絲訂婚，並準備在隔年結婚。

跨出最關鍵的一步

一八六一年，美國南北戰爭爆發，喬治．浦爾加入北方聯邦軍團。他與理查絲本來認為戰爭可以很快結束，沒想到這場戰爭拖了四年，南北雙方都死傷慘重。戰後，喬治．浦爾才回到家園。他在南北戰爭的最後一戰中，胸部中了一槍，在醫院裡又受到病毒感染，此後理查絲仔細的照顧他，兩人期待病癒後就可以結婚。一八六九年，喬治．浦爾病逝，這期間浦爾女士也病逝了，他們將所有的財產都留給理查絲，但是她所愛的人都走了。

她有一段低沉的日子，有一天她寫下：「我知道這將是我一生最困難的一步。不是等待別人來愛我，而是主動去愛人，不是等待別人來照顧我，而是主動去照顧人。」她關了房子，帶著簡單的行李，前往波士頓，決定從最基層的護理人員做起。

一八七〇年，理查絲進入「波士頓市立醫院」當實習護士。當時實習護士就是醫院裡的清潔工，擔任最粗重的工作。她做了三個月，卻什麼也學不到，深感失望，正想離去之際，有一個資深的護理長與她約談，並說：「我認為你將成為一個傑出的護理人員。跟著我，我將就我所知的全教給你。」

這位護理長教她如何由病人的呻吟判斷病情，由病人的姿勢判斷身體疼痛的部位，以及簡單認識一些藥品。讓理查絲最感到鼓舞的不是這些知識，而是知道仍然有人在護理的工作崗位上盡心竭力。她寫道：「雖然醫院管理、社會對護理的尊重、病人對護理的認識、護理工作的環境都不好，但是仍有護理人員願意背負看顧病人的責任。除非樂於照顧人，否則很難在護理的工作上全力以赴。」

美國護理教育的開始

一八七二年，美國女性外科醫生迪莫克（Susan Dimock, 1847-1875）自德國學成歸美，在波士頓成立「新英格蘭婦幼醫院」，同時，她也成立迪墨克醫院附屬護理學校，這是美國第一所護理學校。理查絲是第一個錄取者，學校在同年九月十五日開學。

理查絲描述道：「我每天上午五點半起床，在醫院中學習到晚上九點。每一位護理學生都需要照顧六個病人，晚上九點後，病人若有危急狀況，我仍須趕回去。我經常需要徹夜不眠的照顧病人，我感謝上帝賜給我健康的身體，並堅定我的心志，使我能在學習期間一直保持喜悅的心靈。」

學校的課程有十二門，如藥劑學、外科護理、產科護理等；此外，護理實習的課業特別重，學生必須知道量體重、體溫、脈搏、血壓、呼吸次數的原理與操作，並且配合協助各門診。一八七三年九月，理查絲以班上最優異的成績畢業，並且取得護理證照，她是美國第一個取得護理證照的護理人員。她提及：「我知道我們這一群護理先鋒，是帶著強烈的學習欲望進到學校。我與我的同學都是善良與強壯的人，一學到知識，就趕快緊緊抓住。我相信這些知識，未來都會成為護理工作的基礎。」

進入貧困地區服務

畢業後，新英格蘭婦幼醫院以護理督導的職位聘她，但是經過一個月的思考，她決定前往「貝爾維尤醫院」擔任護理督導。貝爾維尤醫院位於紐約貧民區內，大部分的病人是流浪漢、罪犯、吸毒、醉酒的人，而且產婦罹患產褥熱的死亡率很高，這與她過去在波士頓與新英格蘭醫院所接觸的病人不同。她寫道：「那些病人的社會階層是我從未接觸過的。我心裡感到害怕，尤其我將擔任夜間督導的工作，但是我想到在灰燼之中也有珍珠，在眾人看不到的角落也有隱藏的寶貝，需要有人進入，仔細尋找。」

夜間督導的工作是從傍晚五點到隔天早上七點半，她到任後，立刻了解院裡大大小小的事情，並熟記院裡醫生、護士的姓名。她清楚狀況後，首先要求夜間要有足夠的燈光，並讓爐火繼續燃燒。她繼而實施「護理紀錄」，將病人在夜間所發生的狀況以書寫的方式，而非用口頭的方式，傳遞給接班的護士。此外，她也改善產房的環境衛生，規定進出產房須更換鞋子與換上乾淨的外套，她寫道：「保持乾淨與整潔，是照顧病人必備的要件。」

成為護理學校校長

在她的改革下，貝爾維尤醫院的衛生環境迅速改善，得產褥熱的產婦數目遽減。更為人稱道的是，「護理紀錄」使護理人員在照顧病人銜接上的誤差降低為零，這制度後來為全世界的護理人員所仿效。

一八七四年十二月，麻薩諸塞州立醫院聘她為護理副主任，並請她擔任醫院即將成立的護理學校校長。她去函婉拒這個升遷機會，理由是：「照顧病人已填滿我的思緒，沒有心思去照顧別的。」貝爾維尤醫院的董事長海倫修女知道此事後，建議她去擔任護理學校校長，因為「她對護理制度的管理，如同照顧病人一樣的優秀。」「但是我不會說話，更不會教導別人。」她仍然退縮，海倫修女回答道：「有教導能力而不肯去教導，是推卸責任。」這一句話，把理查絲推向從事護理教育的路上。

她到麻薩諸塞州立醫院後，立刻取消護理人員掃地、洗衣的例行工作，她認為「護理人員要照顧的是人，要將護理人員的有限體力，集中在照顧病人」。她在護理學校要求學生上午上課，下午隨著主治大夫巡視各病房，並記下醫生診治的情形。

一八七六年，她升任護理主任，大力改善護理人員與護理實習生的居住環境與伙食。她常對學生說：「你們今日的學習，決定你們未來承擔工作的能力。一個人承擔工作的能力，決定他專業所該得的尊重。」

與南丁格爾見面

一八七七年，麻薩諸塞州立醫院附屬護理學校已成為美國東部地區最著名的護理學校，她卻決定辭職，表示：「我不想留在成功的高原，滿足於別人的稱讚，我仍然期待學習。」她前往英國，拜會南丁格爾（Florence Nightingale,1820-1910）與著名的南丁格爾護士學校。

理查絲與南丁格爾在倫敦會面，後來她回憶：「與南丁格爾會面，是我一生從事護理最高的榮譽。再也沒有一堂護理的課程，能比在她面前學習的多，我實在捨不得離開。我常想，為何南丁格爾的一生會如此的美麗？對人類的貢獻會如此大？這是因為透過她的工作，世界各地病人的苦痛才開始獲得人道的關懷。」

在南丁格爾推薦下，她以九個月的時間到英國著名的十八所醫院參觀實習。

對護理教育的堅持

一八七八年一月，理查絲回到美國。在回麻薩諸塞州立醫院述職前，她回到自己曾擔任實習護士的波士頓市立醫院探訪朋友，沒想到這所醫院的董事與醫生正為要不要設立一所護理學校爭執不下。理查絲一到醫院，就被董事會與醫生們邀去演講，她講道：「我認為有些醫生與醫院管理單位並不反對護理，反對的是改變，所以問題的關鍵在於我們是否只滿足於過去，不想去做任何的改變？」董事會立刻一舉通過設立護理學校，並且聘她擔任護理主任與護理學校的校長，她欣然接受這個新任務。

開學時，她告訴新生：「護理教育的基本點，是相信病人的痛苦是有意義的，是不該被忽略的。學習觀察與注意病人痛苦的反應，是護理的開始。我們的耳朵要學習怎麼聽，我們的眼睛要學習怎麼看，我們的雙手要學習怎麼做，我們要察覺病人每一個細微的變化，每一聲呻吟所代表的意思。當你們擁有這些知識與訓練，你們將成為一顆顆極稀有又極珍貴的珍珠，沒有任何外來的稱讚能夠比擬你們服務的尊貴。」

這所新設的護理學校是兩年制，開學第一天，醫院大廳裡坐滿學生，但是她要求的護理教育課程重、作業多、考試多、實習多，並且要求學生穿著端莊，有好的品性，兩年後，只有六個學生畢業。這所嚴格訓練的學校，不僅培育出一流的護理人員，也成為各處有心從事護理工作者所嚮往的地方。當時護理界流行一句話：「除非你是一個認真、嚴肅思考護理的學生，否則不要申請理查絲設立的學校。」

理查絲擔任這所學校的校長八年，她改變了美國醫學界對護理的看法，從此，「醫院裡若沒有護理人員，醫院就無法開門」。

而接下來，有一個更艱難的任務在等著她。

來自富士山下的呼聲

一八八五年二月，她聽說「美國海外宣道會」在找一位有經驗的護理人員，前往日本設立護理學校。她寫道：「我本來以為這是來自陌生國家的一則小報導，後來卻逐漸在我心中形成一個深刻的負擔。」八月，她辭去工作，申請成為前往日本的醫療宣教士，十一月即搭船往日本。

日本在一八六九年明治維新後，積極引進歐美的技術與制度。西醫很快進入日本，日本人卻不接受西方的護理，主要的原因是認為女性地位較低，不能叫男性做這做那的。但是日本的女性溫柔、忍耐、有禮貌、善於微笑、樂於學習，是理想的護理人才。

一八八〇年代，霍亂在日本流行，許多人喪生，逼得日本的保守社會開始裂開一道護理可以進入的門縫，理查絲就在這時前來。

非常稀奇的，這位護理改革家在她晚年的記載裡，幾乎沒有提到她在日本的護理工作，也沒有提到她如何建立護理學校，她只提到她花大部分的時間，在接觸與認識這個陌生國家裡的女性與她們的家居生活。她提到日本女性的禮節、服裝、鞋子、飲食、與家庭的關係，她寫日本的榻榻米、睡覺用的硬枕、出外交通的方式等。她沒有一開始就成立護士學校，而是進入日本家庭中，教導日本女性居家護理、照顧家庭與病人的方法。

不久，有些對護理有興趣的女性來到醫院向她學習，但是很快的，她們的父母或丈夫就將她們帶回。來醫院學習的年輕女性中，有一位伊藤小姐，她來自一個高尚的家庭，卻來醫院學習護理。有一天，伊藤回到家，她的丈夫把離婚書丟給她，因為她到宣教士的醫院當護士。伊藤只好回到醫院繼續學護理，並與理查絲同住。

伊藤的護理逐漸獲得病人的肯定，口碑慢慢傳出去，她的前夫聽說了，偷偷到醫院看伊藤從事照護病患的工作，他大受感動，做了一件當時很少日本男性會做的事。前夫到醫院向伊藤道歉，求她再嫁給他。伊藤再嫁事件，促使許多女性到醫院學習護理，理查絲這時才在日本成立第一所護理學校。一八八八年，第一批護理學生畢業。

一八九〇年，理查絲發現自己的身體愈來愈易疲累，耳朵逐漸失聰，她知道在日本的工作該告一段落了，她將學校交給伊藤。她所做的僅是在日本的一角為護理鬆土，栽種一些好種子。她沒想到她離開後，護理在日本迅速發展，到一九〇〇年，日本已有一千五百位護士，後來也間接帶動了臺灣的護理發展。

將餘生投入精神護理教育

一八九一年，理查絲回到美國，許多醫院爭相聘她擔任護理主任，許多護理學校也要聘她當校長。她不顧身體的疾病，出任「賓州費城巡迴護理學會」主席，在各醫院與護理學校巡迴教育。她特別強調「護理實習」的重要，將護理教育延長為三年，並且要求護理學生學以致用，在學生時代就要護理的經驗。她以護理教師的身分，承受護理學生的犯錯與病人的指責。她堅持：「這些初期犯錯時的指責，是護理學生最受益的經驗，愈有經驗的護理人員，日後愈能承擔重任。」

許多護理人員對她既愛又怕，因為她「勸勉人時，諄諄善誘；責備人時，言語嚴厲；憤怒時，讓人羞愧；上課時，深具啟發；幽默時，十分親切」。

她在美國各處醫院巡迴演講教育時，逐漸發現精神病院裡沒有受過正規教育的護理人員，護理學校也沒有培育精神護理人員。一八九九年，她以過去在護理工作上的見識與經驗，將一生最後的體力，全部投入精神護理教育。她在「道頓精神病院」開設三年制的護理學校，除了一般課程外，學生須在一般的醫院實習一年，在精神病院實習兩年，以兼具一般科與精神科的專長。

當時，精神病人在醫療界中是最被忽略也是最被誤解的一群人。許多人經常將精神病患扭曲成具有暴力傾向的人，其實正常人對於精神病患的暴力相向，遠超過精神病患的暴力。理查絲認為，精神病患是無法與正常社會溝通的人，他們活在自己的世界裡，因此，精神護理最重要的職責，是與病人相互了解，成為他們與社會溝通的最後一道橋梁。病人如果能夠恢復溝通，就能重拾與現實世界的溝通能力。這是理查絲對精神護理最重要的貢獻，釐定「護理」在精神醫學的功能，不只在看顧，更在溝通。

她說：「精神醫學不斷的進步，精神護理可以持續不斷的學習。」她在課程中列入精神病的分類、精神病人的行為、精神藥物的認識、鎮定病人的水療照顧等。她將精神病患的類別，細分為身體功能不健全引發的器質性精神病，由心理引發的精神分裂、憂鬱、鬱躁等功能性精神病，心理功能偏差引發的情緒失調、行為偏差、暴力傾向、縱飲、吸毒與性變態等。針對不同的病因，給予不同的護理看顧。她也將精神護理與社區護理結合，讓精神病患的壓力紓解與看顧能從家庭開始。

她將護理引進文明社會迫切需要的心理與精神看顧，她以護理將落後社會中一些被誤認為鬼附、通靈的精神病患釋放出來。從精神護理的角度來看，精神偏差並不代表人的本質偏差，精神病患不是社會所要摒棄的一群人，精神護理進入病人的心理層次，教導病人自我幫助，重新站起。她寫道：「精神護理人員需要的是機智與耐心。」

一九〇四年，第一批的精神護理生力軍畢業，從此精神護理成為全世界精神病患的祝福。一九一一年，理查絲退休，回到鄉下，經常有護理學生去探望她。她為護理界培養許多精英，如創辦《美國護理期刊》的龐茉（Sophia Palmer）與戴薇斯（Mary E. P. Davis）都是她的學生。

護理人員不能沒有愛心

一九二二年，她應邀參加一場護理大會，說了這段話：「護理人員是人，病人也是人。除非對病人有正確的態度，否則所有的知識與技術都無法使你成為一個真正的護理人員。病人是孤單的，那是病人需要護理看顧的時候，病人不只需要護理人員的雙手與頭腦，更需要護理人員的愛心。」

一九二三年，她中風之後長期臥床。一九三〇年四月十六日，她從昏迷中醒來，問照顧她的護士：「今天，護理人員工作得如何？」「她們所做的每件事都是必須做的。」看顧她的護士回答她。「好，做得好！」她低聲喃喃說道後，呼出了她在世上的最後一口氣。

1.品　　名：
2.成　　分：
3.製造日期：
4.有效日期：
5.製 造 商：
EST. 1900

No.

5

近代食品安全的推手

史華璐

Ellen Swallow

工業革命之後的美國食品製造商，不受監督，無法可管。直到一八八五年，麻省理工學院的女老師艾倫·史華璐，帶著一批學生，分析食品的成分，將結果出版《食材與摻雜》（*Food Material and Their Adulterations*）一書，才開始撼動食品界的巨人們。一九〇六年，終於通過《食品與藥物法》，並成立「食品與藥物管理局」（Food and Drug Administration，簡稱 FDA）。

追查貨品成分的雜貨店少女

一八五九年，十六歲的少女艾倫．史華璐（Ellen Swallow, 1842-1911），進入麻薩諸塞州威斯特福德學院就讀高中。下課後，史華璐就回到父親開的雜貨店幫忙。她將在學校所學的知識應用在雜貨店，貨品架上的每一樣產品，她都希望能夠標示上產地和產品成分。然而大部分的產品來歷不詳、標示空白，難以介紹。有個顧客對她說：「知道成分是專家的事。」史華璐回答：「如果我不知道成分，怎麼能賣呢？如果你們不知道食物的成分，怎麼決定要買呢？」顧客說：「有需要就買，不明白成分也沒辦法。」史華璐驚訝道：「原來大家都在吃自己不知道的東西，這樣怎能保護自己呢？」

一八六二年，史華璐自威斯特福德學院畢業之後，憑著一股熱忱在一所少年感化院擔任教師，很受學生喜愛。經過短暫的教學生涯，史華璐進入瓦薩學院讀大學，遇到優秀的化學教授指導，以第一名畢業。一八七一年，她成功申請進入麻省理工學院進修，兩年後畢業，留校擔任化學系助教，管理實驗室。

艾略特街的麵包之家

史華璐在麻省理工學院化學系任教，她的丈夫理查茲（Robert Richards, 1844-1943）是礦物學系的教授。兩人於一八七五年結婚，住在學校附近的艾略特街五十二號。那是一棟兩層樓房子，一樓有一大間廚房，還有一間可坐二三十人的餐廳。史華璐將廚房改成製作麵包、餅乾與甜點的教學餐廳。她製作麵包和做化學實驗一樣拿手。

她將星期四晚上稱為「麵包探險日」，請學生來品嘗她的麵包。學生吃完麵包，將廚房掃乾淨，後來成為慣例。

來訪的學生不斷增加，理查茲對妻子說：「如果學生吃光我們的薪水，怎麼辦？」史華璐說：「把每個月都當成存錢的開始，不是很好嗎？」理查茲也欣然接受。後來史華璐推動食品改革，在最困難的時候，許多當年的學生挺身而出，發揮影響力，幫老師打贏這一戰。史華璐後來寫道：「取麵包的手，後來成為食品改革的推手。」

一八七七年冬天，瑪麗·泰爾絲頓（Mary Tileston,1829-1894）開始參加週四的麵包聚會。她來自銀行世家，是美國十九世紀後期最重要的教育家之一。

品嘗史華璐的麵包後，瑪麗嘆道：「好久沒有吃到這麼純樸的麵包，原來真正的美味來自天然。」餐後，瑪麗要付錢，史華璐說：「這裡的麵包，都是免費的。」後來瑪麗慷慨的支持史華璐在麻省理工學院成立一間「婦女實驗室」，開設新學制，讓女性可以來學習化學原理，懂得她們所煮的食物，所喝的水，所吸的空氣，以及所用的洗潔精。

廚房的化學課

一八八二年，史華璐為「婦女實驗室」的學生，出版教科書《烹調與清潔的化學》（*The Chemistry of Cooking and Cleaning*），講解烹調與清潔的有機化學，與其化學反應。這是第一本講解化學在生活應用的書。

史華璐教導女性烹調與食物製造的科學知識，也請女性實驗室的學生將市場的食物帶來實驗室分析。經過三年的分析，結果有驚人發現：許多食物都含摻雜物！包括茶葉裡有泡過水的舊茶葉，咖啡裡有草籽，可可裡有豌豆，麵粉裡有玉米粉，稻米裡有砂子，牛奶裡有摻水，奶油裡有植物的油脂，蔗糖裡有糖精，蜂蜜裡有石臘，芝麻裡有豆粉，橄欖油裡有棉籽油，醋裡有鹽酸，鹽裡有失了鹽味的氯化鎂，牛肉裡有馬肉，果汁內有人工果膠，醃肉裡有防腐劑等。

近代食品改革運動的起點

一八八六年，她將這些結果以《食材與摻雜》（*Food Materials and Their Adulteration*）一書出版，立刻引起廣泛的注意。

「我們所吃的食物，主要成為我們的能量與身體的組織，沒有用的成分，會累積轉換成毒素，影響的速度有快有慢，並引發疾病。近代文明，許多疾病來自錯誤的飲食。如果能將食物成分公開，這些疾病就可以輕易避免。食物的成分無法公開，因為背後無法可管，也很少有人去探討這事。」史華璐寫道。

由於《食材與摻雜》的作者是麻省理工學院化學系的老師，分析者是麻省理工學院的學生，有科學的數據與實驗的方法佐證，沒有廠商敢批評。於是，近代食品改革運動，以一八八六年史華璐發表《食材與摻雜》為起點。

教消費者檢驗食品的方法

史華璐喜歡分享知識，在這本書中教導一般人檢驗食品的方法：「在美國市場上，幾乎買不到真正的蜂蜜，而是石臘、糖漿的混合液。在蜂蜜上滴一滴硫酸，真正的蜂蜜會變黑，石蠟不受硫酸氧化，不會變黑。」「油脂的成分，不易用化學分析出，橄欖油與棉籽油難區分。油壓處理過的假油，廠商可將假油的顏色，弄到幾乎與橄欖油一樣。但是廠商不知道，橄欖油在所有植物油中，重金屬的含量最低，測油品的重金屬含量，就能區分。」

「要判斷咖啡豆的品質，是將烘焙過的咖啡豆取出幾粒，放在溫水中，水在十五分鐘內，變黃棕色，這是染過色的豆子。真正的咖啡豆，是泡水十五分鐘後才會將水染成黃棕色。或是將咖啡豆放在水中，烘焙過的咖啡豆有許多孔隙，密度較輕，會浮在水面。咖啡最多的摻雜是奶精，奶精不是牛奶，而是植物奶脂的改製。」

追求真理的路上有學生相伴

一八八七年，在艾略特街的麵包探險日，來了一位客人——美國聯邦農業部化學局的局長阿特沃特（Wilbur Atwater, 1844-1907）。他是當時最重要的食品營養學家，他用食物在人體代謝中所產生的卡路里熱量，來評估食物是否過量。他提出「食物卡路里」，又稱為「阿特沃特系統」（Atwater System）。他做了許多實驗，發現不健康的三大原因是「吃了太多的油、糖分，與缺乏運動」。

阿特沃特讀了史華璐的《食材與摻雜》，很是震驚，決定推動全國食物的成分普查。他邀請史華璐擔任第一位農業局食品調查顧問。史華璐擔心自己沒有時間與體力去做這麼大的事。理查茲鼓勵她說：「上帝一直讓優秀、有熱忱的學生，來到我們當中。」丈夫的這句話幫助史華璐有信心的往前跨出去。

當時的學生喬丹（Edwin Jordan, 1866-1936）後來成為食品微生物學的權威、「美國細菌學會」會長。他專門研究「消化系統症狀」，了解摻雜食物在人體腸胃中，換成有毒物質的代謝反應。喬丹以微生物學證明摻雜物質可被吸收。喬丹特別強調兒童食品需要嚴格的把關，開啟了兒童食品的安全管制。

吉爾（Augustus Gill,1864-1936）是史華璐的學生中最善於分析的一位，他後來取得德國萊比錫大學博士，擔任麻省理工學院有機化學教授，專門分析食品與油品，兼任「聯邦調查局實驗室」主任。他以精準的分析，提出許多食品摻雜的證據，在法庭訴訟成為最強而有力的證人，也是食品廠商最害怕的人。他主張食品摻雜不是罰款了事，而是刑事罪。他提出許多犯罪證物鑑定方法，而被稱為「犯罪鑑定學之

父」。他說：「凡犯罪的，沒有不留下痕跡。」成為偵探科學的名言。

推動食品改革法案

一八八八年，阿特沃特開始提《食品改革法案》。第一年，農業部的主管會議拒絕審案，理由是：「政府部門提出這種法案，是不是想製造社會動亂？是不是政府過度涉入市場經濟？」其後兩三年，提案屢屢碰壁。

一八九一年，阿特沃特根據過去四年主持全國食品調查的結果，做為提案依據：「全國百分之九十以上的食品有摻雜。食品問題，是國家為了百姓福祉必須面對的問題。」這時，媒體已漸知道這個案子，使得農業部長備感壓力。但是案子仍然沒有通過，理由是：「食品科技的加工是食品的混合，不是摻雜。」

農業部長並不支持阿特沃特，他只好離開，回到學界，在各公立大學成立「食品營養學系」，培養食品改革的尖兵。一八九二年，克里夫蘭（Grover Cleveland,

1837-1908）當上美國總統，改派莫頓擔任農業部長。莫頓聘請普渡大學化學系教授威立（Harvey Wiley, 1844-1930）接替莫頓的工作。威立身材高大，聲如洪鐘，很有正義感。食品商全力備戰。

一八九三年，農業部通過威立的《食品改革法案》送入議院。議院很快的退案，理由是「莫名其妙的提議」。一八九四年，威立不氣餒又再提，議會仍然擱置，沒有排入討論程序。

番茄醬大王加入改革陣營

經過多年的努力，《食品改革法案》依然被擋在議院外，似乎見不到一點成功的曙光。

一八九四年十二月，一道曙光乍現。「番茄醬大王」海因茨（Henry Heinz, 1844-1919）前來拜訪史華璐，表達希望加入食品改革的陣營，史華璐很訝異。海因茨說：「多年來，我生產的番茄醬都加防腐劑，但是你讓我相信食品有不加防腐劑的一天。我想邀請你一起研發不加防腐劑的食品。」海因茨的加入，是食品改革運動最大的轉折。

史華璐、威立、阿特沃特、海因茨等人，一起提出了食品法案的推動藍圖。改革藍圖一訂立，就啟動了全國各州的食品改革。各地選民支持食品改革踴躍連署，報紙也爭相報導。一八九五年，《食品改革法案》排入議會議程。

威立負責到國會報告，海因茨對他說：「不要求贏，只要注意哪些議員最支持這個法案。」會後，海因茨問威立，有沒有大力支持的議員？威立說：「赫本（William Hepburn, 1833-1916）與麥坎伯（Porter McCumber, 1858-1933）。」海因茨連夜去拜訪他們。以後食品改革法案，改由赫本與麥坎伯議員合提。後來《赫本─麥坎伯法案》（Hepburn-McCumber Bill），成為近代保障消費者健康最重要的法案。

釐清食品摻雜的法律意義

食品法案提案之前，兩位議員向食品改革委員會成員提出幾個關鍵的問題。他們問道：「食品安全需要立法保護嗎？」威立說：「政府向食品廠商收稅，有保障食品安全的責任。如果食品消費者受害，等於政府與廠商共同犯罪。」

他們又問：「食品『摻雜』是什麼意思？煮食物時加油添醋，也算摻雜嗎？」史華璐說：「食品摻雜（food adulteration）與食品添加（food addition）不同。食品摻雜是在生產食品中加入有害的物質，或用生病的動物、腐爛的蔬果作原料，或是用不乾淨的瓶子、骯髒的水、在不良的環境製造。人工添加是為了食物味美與顏色的添加。食品摻雜是上游食品生產商的不當行為，影響很大。」

他們再問：「不實標示最大的影響是什麼？」威立答道：「不實標示是成分、產地與製造日期不確實。」又問：「食品安全的項目，為什麼有『限制』（restrict），『禁止』（prohibit）之別？」史華璐說：「是依照對人體傷害的程度而區分，含嚴重傷害的成分是禁止，成分毒性低的為限制。」

他們繼續問下去：「防腐劑幫助食品的保存期，是不是必要之惡？」威立答道：「食品商大量製造以求降低成本，添加高劑量防腐劑以求延長保存時間。只要縮短生產到食用的時間，就不用加太多防腐劑。」

建立營養午餐制度

史華璐對世界的貢獻，除了推動食品改革立法，還有推動健康飲食的相關教育。一八九五年，波士頓市政府聘請史華璐擔任中小學教育的總督導。史華璐到許多的學校參訪，提出「學校午餐改革」。她用十年看準一個問題，而這個問題的改革影響全世界。

史華璐視察學校時，看了許多便當的菜色與分量，無論學生的貧富，食物營養都不均衡。史華璐說道：「學生來學校不是愛吃什麼就吃什麼。而是該吃什麼才吃什麼。學校的營養午餐，不是一成不變的樣板，而是有變化的午餐。」

史華璐鼓勵老師應與學生一起用午餐，因為午餐是讓學生認識正確飲食的教育時間。史華璐也推動「午餐教室」（Lunch-room），每星期給小學生上課五個小時，培養正確的飲食習慣：少量即可（Reduce）、餐具重覆使用（Reuse）與廚餘做堆肥（Recycle）。這稱為3R制，後來傳到全世界。

一九四三年，美國議會才立法通過《學校午餐法案》（School Lunch Act）。國家的經費無論怎麼拮据，不能刪減學童的營養午餐費用。費用在聯邦編列，越過地方層級，直接進入學校。營養午餐制後來被稱為二十世紀美國最重要的社會福利法案。

食品安全與國際市場

一八九六年，赫本與麥坎伯議員提出食品改革方案，在國會引發正反雙方激烈的辯論。反對食品改革的議員相當聰明，開始提出：「國際食品的市場，不在單一國家法律的規範。例如，我們的葡萄原料來自德國，可以立法管德國嗎？番茄來自英國，可以立法管英國嗎？檸檬來自義大利，可以立法管義大利嗎？食品管理需要國際組織訂立國際食品安全法，不是單一國家所能管理。」

赫本反駁道：「國家的海關可以檢查。不符安全的食物，就不該進口。」有議員說：「用食品管制法將使海關檢查從嚴，會使歐洲報復性的反擊，打壓美國食物。」赫本說：「這是倒果為因的說法，美國的食品百分之九十六以上都有摻雜，外國當然有權限制或禁止美國劣等、摻雜的食品。」

開票後，食品改革案的支持票仍少。赫本與麥坎伯並不氣餒，赫本說道：「我們今日的努力，為下一代的幸福，這就值得。」海因茨認為推動食品改革法，要有耐心，畢竟，當時沒有食品商能夠製造不加防腐劑的食物。

食品可以不加防腐劑

一八九五年起，史華璐與海因茨的食品工程師合作，為研製不加防腐劑的食品而努力。這對史華璐是很大的挑戰，她必須由化學跨到食品化學，再由食品化學跨到工業製造。

番茄醬主要的成分——「茄紅素」，可以減少人罹患心臟病與腫瘤等。但是，茄紅素不易保持。一八九六年，史華璐與海因茨食品工程師，發現將番茄醬與辣椒、蒜頭混合，酸鹼值降到三點八以下，番茄醬發酵過程，將產生較多的乳酸，乳酸中的乳酸菌可以抑制細菌與黴菌。取代苯甲酸鈉的技術，露出曙光。

一九〇四年，史華璐與研究團隊提出生產番茄醬的番茄，必須不斷與野生種番茄雜交，所製的番茄醬最能抗菌。番茄醬用乳酸反應的原理製造，過程採低溫，瓶子要乾淨密閉，以防空氣中的細菌進入，這樣能夠保存六個月。

這種不加防腐劑的番茄醬，又經反覆檢查，一九〇六年上市。海因茨番茄醬成為世界上第一個「不加防腐劑」的加工食品，大為轟動，一年內賣出一千兩百萬瓶，證明好的食品改革，食品商仍能獲利，對通過《食品改革法案》有很大幫助。

一九〇〇年，赫本與麥坎伯再於國會推動《食品改革法案》，表決時，許多議員投反對票，理由是：「沒聽過有人吃摻雜食品而死亡，討論這種法案，實在浪費時間。」法案沒有通過。食品改革的夥伴們非常沮喪，史華璐卻說：「以接近票數通過的法案，將來會埋下分化國家、人民兩極對立的導火線。寧願以接近的票數，沒有通過法案，也不要以相近的票數通過。我相信，上帝帶我們通過這法案時，將是大大的得勝。」

食品與藥物管制法案通過

一九〇五年，奧利奇議長封殺《食品改革法案》，反對食品改革的議員與食品摻雜的製造商連夜慶祝。主張食品改革的人，已經奮鬥十多年，還無法過關，如今與藥品改革綁在一起，法案通過更是遙遙無期。民意代表保護食品商人，食品商人支持民代，勾結牟利，水乳交融。

反對食品改革的陣營，完全沒有想到改革陣營還有一張王牌，名叫布萊恩特（Alice Bryant, 1862-1942）。布萊恩特是麻省理工學院化學系開放招收女生後，第一屆入學的女學生，後來成為美國第一位耳鼻喉科女醫生。她也是史華璐麵包聚會的成員。

當食品改革陣營束手無策時，布萊恩特去拜訪「醫學立法委員會」會長里德（Charles Reed, 1852-1937），與「美國醫學期刊」主編席孟斯（George Simmons, 1868-1937），請求協助。

里德曾說：「連都市裡的臭水溝蓋都標示名字，而醫學藥品竟不標示成分，這合理嗎？」席孟斯表示：「藥物、化妝品、保健食品應予區別，任何成分都應接受評檢。」

一九〇五年十二月，布萊恩特獲得十三萬五千位醫生以及兩千個醫學團體參與連署。這件事很快的傳到奧利奇耳中。他不以為意，藥物摻雜、化妝品冒充藥物與保健食品的商人為數甚多，這些商人鐵定支持他。

哪裡知道，田納西州有個農人，上法院控告美國最大的飲料公司，在可樂中加入興奮劑，使他身體不適。這只是個小案，第一審五個陪審員以證據不足，認為飲料公司無罪。其中有三個可樂案的陪審員，收了可樂公司的錢去嫖妓，意外被捕。小案件當下成為全國大新聞，在鎂光燈下，被捕的人說：「放客氣點，可樂公司會請最強的律師團，眾多議員也會配合幫助我們。」這句話引發全國百姓憤怒，顯示摻雜食品不只是食品界的問題，還牽涉官商勾結。司法和媒體追查發現，反對食品改革的議員，都在飲料公司的行賄名單上。

不法議員人人自危。羅斯福總統隨後公開表示支持食品改革，整個反對食品改革陣營迅速瓦解。

一九〇六年，赫本與麥坎伯提出《純淨食品與藥物法》（Pure Food and Drug Act），參議院以六十三票比四票通過。眾議院以二百四十一票比十七票通過。六月三十日，羅斯福總統簽署，法案成立。

食品與藥物管制局成立

「食品與藥物管制法」通過後，起初，「食品與藥物管制局」（Food and Drug Administration，簡稱 FDA）隸屬農業部的化學局，由威立擔任執行長。他在一九〇七年第一個執行的行政命令，是「食用色素衛生標準」，許多添加人工色素的食品，通通下架。第二個執行命令是成立「殺蟲劑與殺菌劑署」調查農藥安全用量。一九一一年，威立要求飲料公司不得添加咖啡因，飲料公司聯合起來告他，威立仍不屈服，要求在包裝上標示咖啡因。塔夫脫總統命令威立息事寧人，一九一二年威立辭職。他寫道：「我不能做違背改革理想的事。」一九三〇年，威立病逝，人民對他的懷念，成為政府的壓力。同年「食品與藥物管制局」從農業部分出，成為獨立的部門，實現了威立的夢想。

得勝的號角送行

一九一一年一月，有一天下課後，史華璐騎腳踏車回家，在路上突感暈眩無力，摔了下來。路人送她回家，醫生前來診斷，發現她嚴重的心臟衰竭。二月，她不能作麵包了，停止與學生長達三十六年的週四麵包會。

史華璐寫信辭去各個工作，包括「美國家政協會」主席職務、麻省理工學院的教職、波士頓教育局督學。她也寫信給食品改革小組道：「食品改革是一場永遠打不完的仗，以後要更重視食品的成分，更安全的包裝。未來的食品有美麗的包裝，但是我們的戰爭是在要求清楚的標示。我們的戰爭是使人明白食品的意義。未來新的食品會更多、更複雜，我們要給消費者更多的裝備。」

史華璐在給長期追隨她的學生的信中說：「我們的一生，在進行一場小小的實驗，不是為了一時熱門，不是為了賺錢，而是站在真理上，點燃一個世代的改革。」

她臥病在床，學生排班來陪她。三月二十九日夜裡，理查茲陪她，史華璐忽然清醒，對他說道：「我聽到得勝的號角了。」次日，史華璐安息了。

二〇〇四年，美國「溫切爾學校」環境科技史的科爾斯泰特（Sally Kohlstedt）教授寫道：「史華璐最大的成就，是堅持食品營養與安全，有標準可以檢驗；建立食品安全系統，輔以先進的化學驗證。她提醒眾人，許多疾病來自食品的摻雜。這論點廣受許多食品廠商的反對。她的專業與為人，獲得許多麻省理工學院師生的愛戴與支持，無形中成為她的保護。她的一生不只保護自己的家庭，也保護了許多人的家庭。」

No.

6

將欣賞大自然的喜悅留給兒童文學

波特與小兔彼得

Helen Beatrix Potter

碧雅翠絲・波特喜歡觀察大自然，可是當時生物學界並不接受女性的參與，但這無阻她對小動物的喜愛。她用童詩與繪畫，將她對大自然的熱愛，傾入兒童文學，結果產生了二十世紀最著名的兒童文學著作之一——《小兔彼得的故事》。

一八六六年七月二十八日，碧雅翠絲．波特（Helen Beatrix Potter）生於英國倫敦的「波頓花園」（Bolton Gardens），那是有錢人家居住的地方。她的祖先在工業革命時期，從事紡織業，賺進許多財富。她的父親雖然畢業於法律系，但是從未執業，與妻子四處打獵、攝影、旅遊。

波特從小就沒有同年齡的朋友，一般人家的小孩進不了波頓花園，而波頓花園裡的孩子們，終日都被女傭、家庭教師圍繞著，彼此難以來往。波特一生從來沒有上過學校，每一門學科都有家庭教師教導。在外人看來，這是炫人財富築起的城堡，城堡內的小孩卻像囚犯般孤獨、過著無聊的生活。

跟一隻斑馬去散步

孤獨有時是培養想像力的溫床。波特從小就在日記上寫她的保母麥金吉：「她經常穿著黑白相間的長襪，當她帶我去散步時，我常覺得像跟斑馬走在一起。」她寫家中的老鐘：「夜裡滴滴答答的響著，好似老人的心跳，緩慢而有節奏。」她認為自己最好的朋友是一個木頭玩偶與一隻布偶豬，她常常編故事給它們聽，抱著它們在草地上跳舞。

她編的故事裡有巨大的城堡，她寫道：「巨大的城堡是給可憐的人住的，幸福的人則像一匹馬，自由在草場上奔馳。可以聽到風的聲音，可以看到太陽自地平線上升起。」她常跟玩偶講話，但是在成年人面前，她是個安靜而害羞的女孩。

她的自然老師哈蒙德小姐為她童年帶來第一道快樂的陽光，教她如何輕鬆的在野外認識小花、小草，並且用水彩與鉛筆將所看到的畫下來。她說：「每一次到大自然中，都把自己當成花草的探訪者。」大自然的生物，成為孤單女孩的好朋友。她寫道：「當我認識一種植物，或遇到樹林中的一隻松鼠，發現自然之美的一瞬，總在我記憶中畫下深刻的一痕。原來，大自然最美麗的部分，仍然留在野地裡。我盼望將來能住在鄉下，就像在天堂門外搭帳棚。」

波特的父母認為她在自然課上花了太多時間，在她十歲時，辭退了這位影響波特一生的好老師。但是喜愛自然的種子已經在孩子的心中萌芽，波特繼續收集植物、昆蟲，甚至學習動植物標本的製作法。她描述：「我的家像一座陰森森的城堡，處處掛著蜘蛛網，每個黑暗處彷彿都躲著一隻嚇人的怪物。但是這城堡中我也有一些朋友：幾隻甲蟲、一隻蛤蟆、幾個鳥的標本、一隻刺蝟、幾隻青蛙、毛蟲、還有一條蛇皮。」

記錄釣魚迷的故事

除了這些，她有個忘年之交布萊特，布萊特年輕時是個政治家，老來迷上釣魚，他常帶波特去釣魚，波特因而認識了另一個釣魚迷布朗爵士。他們常講一些釣魚的趣聞。波特寫道；「布朗稱他能夠在最惡劣的氣候，在最不可能的地方釣到鮭魚，不過他一生所釣到的鮭魚，都比不上那條已快釣到、卻被牠溜掉的鮭魚。布萊特卻說他看過布朗那一條溜掉的大鮭魚，但還是比不上他釣到的一條超級大魚，那條魚大到他使盡力氣也無法將魚翻身。他們的酒喝的愈多，所說的魚就更大一些。」

當波特可以獨自外出時，她最常去家裡附近的「南肯辛頓自然歷史博物館」（Natural History Museum at South Kensington），她在那裡描繪動植物的標本。她寫道：「以顏色而言，生物不分高等與低等；以結構而言，生物不分美麗與醜陋。」她認為：「生物的美是一種藝術，沒有一片葉子是相同的，沒有一根樹枝是隨意生長的，樹木年輪的形狀，也沒有一個是一樣的。」她也畫顯微鏡下的鮮苔標本，她愈來愈深入自然科學的藝術領域，她寫道：「我努力的畫下黴菌，畫作已多到可以出版一本黴菌的分類學。但是生物的分類圖鑑是沉悶的，無法表現出發現黴菌時的喜悅，例如有一種極稀有的黴菌，長得就像小草莓般可愛……」

不久，她的足跡遍布英格蘭的原野、河川、瀑布、山嶽。她寫道：「每次外出，我總帶著熱切的求知慾。」她到任何地方，都帶著筆記記錄自己發現的心得，並帶素描簿畫下所觀察的生物。

第一位欣賞波特作品的讀者，是住在溫德米爾湖畔的蘭斯雷（Canon Rawnsley, 1851-1920）牧師，他又被稱為「美麗之地的捍衛者」，因為他認為古代的城堡是建築藝術的珍品，需要加以保存，就募捐了許多錢，買下一座座的城堡，並且成立「國家信託」，將收購的古堡保存維護，不得拆建。蘭斯雷牧師認為波特的畫就像大自然一樣單純，流露出她對大自然真實的喜愛，她的文章有一種特殊的情感，能具體勾勒出所要描寫的對象，因此鼓勵她從事兒童文學。波特認為自己沒有讀過藝術學校，也沒有受過名師指導，不會有人買她的畫作。蘭斯雷建議她：「也許可以由聖誕卡畫起。」

覺察兒童文學與繪畫的重要

一八八六年，波特開始注意市面上的童詩與童書。她也發現許多兒童對學習不感興趣，是不喜歡學習的方式，而非不喜歡學習的內容。而童詩與圖畫正好是促進兒童學習的利器。因此，兒童文學與繪畫對兒童閱讀與教育極為重要。

一八九〇年，波特第一次投稿，作品上畫著一隻兔子，拿把雨傘，背著背包，站在月臺邊等火車，旁邊寫著：

我的名字叫班傑明兔子先生，
我身上沒有錢，卻能到處流浪。
本來我可以取其他的名字，
但是，班傑明（意即：流浪的狼）卻更適合我，
好念，又有趣。

這張畫在當年聖誕節上市，雖然銷量不多，但是波特開始養兔子。她也聚集一些孩子來，一邊畫兔子，一邊說故事給他們聽，一起與孩子們快樂的進入故事裡的世界。

開始撰寫小兔彼得的故事

有一次在旅行中，波特認識了與她年齡相彷的安妮．卡特（Annie Carter），安妮能說流利的德語，而且非常健談。旅行分手後，二人繼續通信，後來安妮嫁給莫里，波特去參加他們的婚禮，婚後一年，安妮生下一個男孩諾亞，波特送一條又長又白的嬰孩毛毯給他。以後每一年安妮都生一個嬰孩，波特也都帶條新毛毯前往，她與莫里家的每一個孩子都很熟。

諾亞五歲時生了一場病，而且病了數月之久。波特知道生病的孩子會很無聊，就寫信安慰他。第一封是一八九三年九月四日寄出的，不同於一般的慰問信，這封信是這樣寫的：

親愛的諾亞：

不知該寫什麼給你，也許就告訴你四隻小兔子的故事吧，他們的名字是小福（Flopsy：笨笨的）、小毛（Mopsy：毛亂蓬蓬的）、小白（Cottontail：尾巴像棉花），與彼得（Peter）。

他們和媽媽住在砂洞邊的大樅樹根下。

「來，我親愛的小兔兔們，」兔媽媽說道：「你們可以到草原去，或一直沿著小徑玩耍，但是千萬別進麥先生的菜園。」

小福、小毛與小白都乖乖的在路邊採黑漿果。只有彼得這隻頑皮的兔子，一溜煙的跑到麥先生的菜園附近，還從籬笆底下鑽了進去。他先吃了一些萵苣，又吃了些豆子還有紅蘿蔔。之後，肚子有點不舒服，就想在附近找些芹菜來吃。卻繞到了黃瓜區的盡頭，而且沒遇上別的，就正好遇到麥先生。

麥先生正蹲在地上種甘藍菜，他跳起來追彼得，一手高舉著耙子，並且大叫「站住，小偷！」彼得怕得要命，在菜園裡到處亂竄，因為他忘了回籬笆的路。他的鞋子一隻掉在甘藍菜園，一隻掉在馬鈴薯當中。他沒有鞋子，也許可以跑得更快……沒想到他外套的幾顆大鈕釦又被破網給勾住了，那是一件相當新的外套。……

麥先生取了一個籃子，想從上面把彼得罩住，但是彼得及時脫掉外套，掙脫網子……

信上的每一頁都附有插圖。諾亞非常喜歡讀這信，波特就一封一封的寫，她寫漁夫的故事、松鼠的故事、老貓的故事等。開始是諾亞家的孩子看，後來大人看，左鄰右舍的人看，連住在鎮裡的大人小孩都來看。

態度粗魯的專家

一八九六年，波特前往位於倫敦郊外的「皇家植物園」，她在植物園內畫標本，植物園內的一個管理員在一旁批評：「這些畫毫無價值，根本沒有顯現植物分類上的特徵。」她開始並不理會，但是對方一直批評，於是她不服氣的指出，根據她用顯微鏡觀測的結果，鮮苔應該是黴菌與藻類的共生，不應該和黴菌歸在一起。波特的看法是正確的，不過她的意見引來一個年紀更大的主管的注意，那個主管在一本厚厚的植物分類目錄裡翻了一陣，然後很粗魯的責備波特不過是門外漢，怎敢對皇家植物園的分類產生質疑。

波特非常難過，當科學擁有權威時，反而輕看初學者的質疑。她將自己對鮮苔的分類觀點，寫成報告寄給「倫敦林奈學會」，但是學會拒絕女性參與討論。波特更覺失望，多年對生物標本美麗的鑑賞，似乎被踐踏了。

轉向兒童文學

蘭斯特牧師知道這件事，勸導波特將描繪生物的喜愛，轉向童書插畫，那是科學家不會從事的範疇，卻是兒童教育迫切需要的。安妮夫妻也鼓勵她出童書，何況八年來諾亞都將她的信保存完好，波特這才決定轉向童書。

一九〇一年十二月，波特自己出錢印刷了兩百五十本《小兔彼得的故事》（*The Tale of Peter Rabbit*），分送諸親友，很快就送完了。她把圖畫上色彩，一九〇二年二月再印兩百本，又被索取一空。波特把書寄給幾個出版社，卻遭退回。後來，有位出版商人華尼（Norman Warne, 1868-1905），決定出她的書，並鼓勵她：「你只要努力的寫，我會努力的賣。」

好的書往往不是暢銷書，而是長銷書。一九〇二年《小兔彼得的故事》上市時，賣得並不好，一年後才受到注意。波特一開始就將書價訂得很低，二百多頁的書，加上彩色配圖，一本只賣一先令（Shiling，英國貨幣舊制，二十先令等於一英鎊）。她寫道：「貧窮的小孩將因好書而富。」

波特每年持續出版一本至三本童書，一九〇五年時她已出版了九本書。她每準備寫一種動物的故事，就會先飼養那種動物，觀察牠的生活與習性，她也針對動物的個性去設計故事的情節。她不需要扭曲動物的行為，去製造庸俗的笑料，也不需要蠢化動物的形象，以製造幼稚的體裁。她根據對動物深度的認識去下筆，使文章自然而溫馨。

她花許多時間去構思故事中動物所穿的服裝，並且仔細的描繪，寫作的內容雖然是輕鬆的，但是寫作的態度是嚴謹的。她也經常與華尼通信，互相溝通童書的寫作。

跌落憂鬱的山谷

華尼與波特一樣都是內向的人，兒童文學將兩個人拉得更近，波特寫道：「期待一個美滿的婚姻，仍是女人一生的冠冕。」一九〇五年，華尼向波特求婚，在準備婚禮的期間，華尼忽染重病，在八月底病逝。

波特寫道：「我像是一條街道，兩邊擺滿耀人的窗櫥，街道的中央卻是冷冷清清。」這一年《小兔彼得的故事》賣了五萬本以上，德國的出版社也要求翻譯出版，美國來的訂單更多，但這些都無法安慰波特的悲傷。她寫道：「期待、等待、忍耐的結果，末了卻是一顆未熟而落的果子。」

波特決定搬到鄉下，她在英格蘭風景最美麗的地方之一：溫德米爾湖畔的索雷（Sawrey）村買下「丘頂農莊」（Hill Top Farm）。她不是到花草滿徑的地方去埋葬她的難過，而是為了更專心的從事寫作，她寫道：「專心工作是忘記憂傷的良方。」她請當地一對老夫婦幫她照顧農莊，她也學習種植作物，飼養牛羊。

快樂的農村生活

她繼續飼養小動物，做為寫作的材料。索雷村的村民也歡迎這位作家住在他們中間，當她想養一隻貓時，村民就送來許多貓；當她想寫狗的故事，村裡的男女老少都牽狗來給她看；當她想以小豬做為寫作題材時，不少農民就來拜訪她，分享養豬的經驗。

波特在丘頂農莊住了八年，期間她寫了十三本童書，都以農場內的小動物為寫作對象。她說：「其實我所有的創作，只是用文字表達現況。農莊裡永遠可以找到讓孩子們驚喜的題材。」她在農莊住愈久，就愈喜歡在鄉下的生活。她寫道：「如今，還有多少地方，能聽到農民打麥的聲音？在這收割的季節裡，潮濕的空氣中，整日傳來陣陣的打麥聲，我好似回到聖經裡的古老日子。」

富有的真諦

一九〇九年，她用出書的收入，買下附近更大的「城堡農莊」（Castle Farm）。她說：「農夫們知道，牛、羊所吃的草，是過去的種子發芽長出來的；許多人在富有的時候，卻很少去思考要為後人留下什麼。依我的觀察，人擁有的財物愈多，寬容別人的心愈少；擁有的權勢愈多，卻愈發孤獨；以為富有能夠買到任何東西，但卻買不到別人對他們的尊重；以為富有就可以給孩子留下更多的財富，但這對孩子未必有正面的效果。」波特的兒童文學就是要為下一代留下好的種子。她說道：「大自然不要留給人類去征服的對象，而是要讓人欣賞的。我們應把更多大自然的美留給孩子們。」

寫作不僅是作家對文字的運用，更是生命在筆觸上的流露。她歷經孤獨與失望，但她寫道：「我不回頭看過去的事，只勇敢的往前走。」她仿效藍斯雷牧師，開始一一買下英格蘭最美的角落。

蝸牛離開的時候，殼就捐給大地

有意義的思考，常能引來深度的共鳴。波特在買地的過程中，認識了當地的土地仲介希里士（William Heelis），他起初只是好奇，為何這個女作家會買下這麼大的農莊？後來他常去幫忙波特整理土地，埋設水管，在風雨中照顧牛羊，在她生病時為她買藥。長期的接觸，使他愈發明白這位極負盛名的文學家，躲在溫德米爾湖畔一角的原因，也許她需要一位優秀的土地仲介與她長期合作。一九一三年十月十四日，倆人結為夫婦。

婚後三十年，波特又寫了十三本童書，此外她照顧農莊、羊群、購買土地，她一生買了十四座農莊與四千英畝的土地，全部捐給「國際信託」。希里士後來也捐出自己土地仲介的辦公室，成為國際信託所託管的「碧雅翠絲・波特藝廊」（Beatrix Potter Gallery）。

寫作的祕訣

許多出版商與新聞媒體希望波特離開農莊，讓慕名的讀者一睹風采，她一概拒絕。她認為文學出版不該像貨品行銷，她認為：「最適合作家的生活方式，就是簡單的生活。」她又寫道：「因為我太喜歡寫，又喜歡畫，所以我更需審慎而為。我不喜歡落在別人出版計畫裡，我必須在喜愛的情況下寫……我寫作的方式像是在雕刻，一遍又一遍的寫，太長的部分就裁減。文章愈短、愈清楚愈好，當我發覺創作枯竭，我就讀聖經。」

一九一六年，她才接受紐約公共圖書館的邀請，前往美國討論兒童文學，她批評當時的兒童文學故事沉悶，用字庸俗，包裝過度華麗。

一九三二年，波特持續寫作，她寫道：「感謝上帝，我仍有一雙善於觀察的眼睛。」她年老時喜愛養羊，她養的「賀德威克」（Herdwick）血統的羊，多次獲獎。她還被選為「賀德威克牧羊人協會」的主席，她後來也捐了二萬五千頭賀德威克羊給「國際信託」。

波特年老時，甚至開始記錄英格蘭山地日漸失傳的歌曲與舞步。她寫道：「我仍向山舉目，我愈來愈滿足於這種從山下仰望山嶺的角度。我以前夢想自己的一生應該像一匹快馬，但後來還是靠著自己逐漸老邁的腳，慢慢的往前走。」她又寫道：「我是個一直沒有長大的孩子，在兒童文學寫作裡找到樂趣。」一九四三年十二月二十二日，她終於放下她的筆，不過世上已有許多的孩子，無法放下她的書。

No.

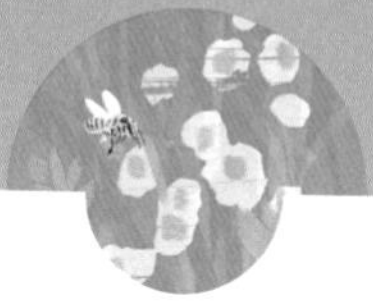

7

為小草去探險

蔡斯與農藝禾草學

Mary Agnes Chase

瑪莉．蔡斯從小就沒有玩具，很特別的是，她會找住家附近的小花小草當玩具，經常拔一些小草回來裝飾餐桌。很少人以野地裡的草當做一生研究的題目，蔡斯卻認為：「當你愈了解草，就愈能體會草類的美麗與價值……。」

一九六一年，蔡斯榮獲倫敦林奈學會的院士以及史密森學會第八位院士的殊榮。

一八六九年四月二十日，瑪莉．蔡斯（原名為 Mary Agnes Meara，後從夫姓 Chase，1869-1963）生於美國伊利諾州。她的父親是愛爾蘭的移民，在肯塔基州結婚後，帶著妻子到芝加哥城郊當建造鐵路的工匠，他們有五個小孩。在蔡斯兩歲時，父親忽染重病，不久病逝。她的母親帶著孩子們搬到芝加哥，找份清潔工的工作支持家計，並請外祖母來照顧孩子。

蔡斯從小就沒有玩具，很特別的是，她會找住家附近的小花小草當玩具，經常拔一些小草回來裝飾餐桌。起初，母親與外祖母沒有注意到這孩子這種喜愛花草的天性。上小學以後，她帶回家當裝飾的小花小草愈來愈多，外祖母開始覺得花草太多太亂了。蔡斯後來寫道：「有一天，外祖母叫我不要再帶小草回來，理由是小草不開花。我對她解釋小草也開花，只是花太小了，不容易看出來。外祖母看不到小草上的花，以為我騙她。迄今，我仍然很高興，我當年的看法是正確的。」

遇到充滿理想的教育家

小學畢業後，母親與外祖母商量，用家裡僅有的一點錢，讓這個小植物學家進入一所昂貴的私立中學就讀。她的生物學科特別好，此外也擅長繪畫。中學畢業後，家裡沒有錢供她念書了，她白天到《校園先鋒》（*School Herald*）雜誌社當打字員，晚上在路易斯技術學院修課。

《校園先鋒》是一份具有教育理想的雜誌，主要在編寫自然科學與人文地理的中小學教案，提供鄉下的教師做為教材。這份雜誌訂費低廉，又缺乏廣告與推廣，雜誌社一直虧錢，社長兼主編是威廉・蔡斯（William Ingraham Chase）。

小草般堅強的生命力

蔡斯被這位有抱負理想的教育家所吸引，一八八八年一月，兩人結婚。結婚不久，她的丈夫咳嗽愈來愈厲害，醫生診斷是末期肺結核，蔡斯新婚的日子，幾乎都是在病床邊服侍生病的丈夫。不到一年，丈夫病逝，並且留下一堆債務。遇到如此沉重的打擊，蔡斯的生命力像野地小草般堅毅，雖然地面上的草莖被割去，地下的根又再長出新芽。

她賣掉雜誌社，白天到「洋際新聞社」擔任校對，晚上當清潔工，賺的錢主要用來還債。她寫道：「我經常只吃麥片加豆子，但我這麼做是應該的，不是犧牲。」兩年後，她丈夫的親戚發現她生活的狀況，起了憐恤之心，集資幫忙把債務還清。不久，報社主管發現她對植物深感興趣，又曾編過《校園先鋒》雜誌的自然科學版，就升任她為植物版的主編。

半工半讀進修植物學

為了感謝親戚幫忙還債，她下班後又到親戚的家裡擔任家教，教導孩子功課。她有一個姪兒名叫維京尼斯，特別喜愛植物學，經常問她有關植物的問題，她漸漸難以招架，就帶著維京尼斯去參觀植物館，並買植物學的書和他一起研讀討論。蔡斯後來寫道：「植物學最有趣的地方，是在對植物生命的介紹，由於科學界對生命相關學問的了解是那麼少，因此，持續進修的人，才能同步接收科學新知，多知道一些生命的知識。」

一八九三年，維京尼斯升上中學，不需要她來家裡陪讀了，但是這孩子鼓勵她一定要到大學念書，不要停留在自修植物學的階段。同年，蔡斯到芝加哥大學延伸制學程修課。她以半工半讀的方式，一面在「洋際新聞社」當編輯，一面念書，期間她結識了著名的蘚苔學家希爾（Ellsworth Jerome Hill, 1833-1917）。

遇到愛好植物的牧師

希爾畢業於紐約協和神學院，是個長老會的牧師，工作之餘自修植物學，而且四處收集植物標本，他一生共收集了一萬六千個標本，後來全部捐給伊利諾大學。他鑑定了芝加哥城市附近一百三十三種蘚苔類，還發現三種新種的橡樹，後來其中一種就用他的名字命名為 Quercus ellipsoidalis E.J. Hill oak。希爾聘請蔡斯擔任助理，將他所發現的蘚苔畫成標本圖，希爾也將植物分類的鑑定技術、標本製作與保存方法教給她。

蔡斯不僅逐漸成為植物分類的專家，也成了優秀的植物標本繪畫者。她寫道：「畫下植物生長的特徵，是學習辨認植物最直接的方法，例如在草類的辨認上，可以畫下花序的形狀、結穗的結構等。初學者不要認為自己不擅長繪畫而裹足不前，畫無論多粗糙，都有其保存的價值，這不僅是自己的觀察紀錄，更可培養觀察力。」「每一種植物都有其特殊的結構，用圖畫比文字更容易表達植物的特徵。」

希爾牧師的經濟並不寬裕，但是他特意栽培後進。他聽說「芝加哥自然科學田野博物館」（後改名為芝加哥自然歷史博物館）要出版禾本科植物圖鑑，需要繪圖員，隨即介紹蔡斯前往，並教蔡斯用顯微鏡觀察禾本科植物細部結構，以及鑑定與繪圖的方法。沒想到，這份工作使她走上農藝禾本植物的特殊領域。

體認小草的價值

很少人以野地裡的小草當做一生研究的題目，蔡斯卻寫道：「當你愈了解草，就愈能體會草類的美麗與價值……。雖然人沒有特意栽培草類，草類卻分布全世界，在高山、在北極、在沙漠、在鹽灘、在潮間帶、在山坡地、在廣大的平原……，甚至在熱帶與亞熱帶的叢林裡，都有屬於禾本科的竹子旺盛生長。只要是陽光曬得到的地方，就有草類生長。」

一九〇一年，希爾牧師聽說美國農業部在芝加哥的畜肉防疫中心，計畫招考一批檢驗人員，這工作乍看起來似乎與蔡斯所喜好的植物學關係不大，但是希爾牧師力勸她去應考。蔡斯順利考上，有了薪水收入，生活壓力也減輕一些。

兩年後，美國農業部在首都華盛頓成立「牧草局」（Division of Forage Plants），招考植物繪圖員。希爾牧師一知道，立刻鼓勵她應考，這工作幾乎是為她而設的。果然，她以全國第一名佳績考上。

逐草只為採集標本

她擔任繪圖的工作兩年之久，下班後，還在農業部的草類標本館（後併入隸屬史密森學會國家歷史博物館的植物標本館）擔任牧草分類的工作。她的主管是來自肯薩斯州農業大學植物系的希區可克教授（Albert Spear Hitchcock, 1865-1935），這人是個夢想家，他由教授轉任公職的理由，是想成立一間收集全美國，甚至全世界牧草的植物標本館，並且根據牧草類標本，重新釐清當時俗名一堆、分類不清的草類。

一九〇三年，蔡斯開始到美國各州收集牧草標本。她一邊收集標本，一方面研究分類。一九〇六年，她在華盛頓《生物學會會誌》發表第一篇研究報告〈黍稷屬分類摘要（I）〉。黍稷屬是常見的禾本科植物，有些是一年生，有些是多年生，能夠適應各樣的氣候與土壤。她以草類的高度、葉的長寬、地下莖的特性、花序的形狀與穗粒的結構等特徵，做為鑑定草類的分類特徵，她特別強調穗粒在分類上的功用。一九〇七年，蔡斯升任為希區可克的研究助理。

一九〇八年，她又繼續發表〈黍稷屬分類摘要（Ⅱ）與（Ⅲ）〉，她提出一年生草類與多年生草類的區分特徵，後者常具有地下莖儲存營養過冬，或是能自地下莖的節間再長出新株。一九一一年，她發表〈黍稷屬分類摘要（Ⅳ）〉，並且提出不同的黍稷生長的環境各有不同，如大黍適合生長在酸性土壤中，稷適合中性至微酸性、土層較深的砂質土壤。這些知識，對於牧草的栽種很重要。此外，她也研究蘆葦的地下根莖結構，不僅成為分類的特性，也進而了解在潮溼的灘地，地下根莖的分布旺盛，使蘆葦可以抓住土壤，站立得住。

一九一二年，她的足跡已遍布美國各州，依所採集的標本，她與希區可克出版《美國草類手冊》（*Manual of Grasses of the United States*）。這本書是近代草類分類學的經典書籍，也使她成為著名的植物學家。出書後，兩人將所採集的標本，全部捐給草類標本館，使這裡成為全球研究草類的重要機構之一。

蔡斯沒有再婚，沒有照顧家庭的責任，反而更是海闊天空，擁有四處出差的自由。她愈來愈喜歡這種工作與生活，她寫道：「期待有草類生長的地方，就有我的足跡。」

深入中美洲研究草種

一九一三年，她的足跡開始邁向世界各國。她首先前往波多黎各，爬上高山，深入溪谷，收集草類的標本。她注意草類，同時也注意人。她看當地的居民擅長攀爬竹子，她也學習爬竹子的技巧，結果她不僅成為爬竹子的高手，還在竹子的上端發現一種新的蕨類 Botrychium jenmani。她將這個發現發表在《美國蕨類學報》，並提出「有許多寄生性植物長在樹冠上，但因為生長的位置較高，而尚未被人類所發現」的假設。

她深入中美洲的國家，發現許多營養成分較高的草類，當地的百姓並不知道如何使用、管理，甚至任憑放牧的牛、羊啃食而盡，她說：「過度放牧家畜，是造成牧草被啃食殆盡、土壤流失的原因。」「在土壤營養不足的地方種植牧草，需要施肥。」這呼籲引起中南美洲政府的注意。一九一五年，巴西農業部請她前往調查草類的品種與分析所含的營養成分，以改良巴西的畜牧。她提出許多草種，特別強調狼尾草屬在畜牧上的營養價值，後來狼尾草成為世界各地經常引種的牧草。

除了研究小草，她也關注社會問題。她強烈支持「禁酒運動」，到處宣講酗酒的壞處與公開售酒的不當。一九一五年至一九一八年期間，她又加入「婦女有投票權」運動，有一次抗議示威，她超過法定警戒線，被關了十天，又有一次抗議聲音過大，她又被捕，關了五天。一九二〇年，美國政府通過婦女有投票權。

組織植物之友會

她鼓勵年輕的女性以研究植物學為一生志趣，但是許多女性認為草類太難辨認而推托，於是她組了一個「植物女性之友」會，定期聚會、介紹植物的辨認與植物生長的環境。一九二二年，她出版《草類學入門——向初學者解釋草類的結構》。這本書後來啟發許多學生對草類的喜好，例如愛荷華州立大學的克拉克（Lynn G. Clark）教授，在一九九六年重為此書寫前言時，稱之為「一本持續啟發讀者認識草類學的書籍」。

蔡斯在書中一開頭就強調，雖然多數人忽略草類的存在，草類學的研究也從未登上熱門科學研究之列，但是動物的生存與草類的存在有關，土壤的化育與肥份也受草類的影響，人類古文明的形成與草類更是密不可分。自古以來，人類的主要糧食如水稻、小麥、大麥、玉米、高粱等，都是來自草類裡的禾本科植物。

大地能夠長出草類，實在是大自然對人類的莫大祝福。動物生長所需要的蛋白質、維生素、碳水化合物、礦物質等，草類裡面都有。草類生長、繁殖的速度，永遠超過動物生長、繁殖的速度。草類分布的範圍很廣，能耐各種土壤水分、溫度、氣候。草類的種子主要靠風傳播，動物或人可以到的地方，草類的種子都可以到。蔡斯寫道：「在美國路易斯安那州一千二百公尺的高空，收集到 Vaseygrass 的草種，這些種子在六十年前由南美洲進到此地，而後以此方式傳到加州南部。」

草類能將葉部進行光合作用所獲得的養分，存在地下根部或地下莖部，所以地上莖葉被牛、羊吃掉了，地下的根、莖又能立刻長出嫩芽來。而且，許多動物用草作巢，人類也用草做器具或製紙。

為草類學分類建立基礎

除此之外，許多草類更具藥用的功效，是個大藥庫。在希臘時代，就有學者，如泰奧弗拉斯托斯（Theophrastus）提到草類的醫用功效。羅馬時期，狄俄斯可雷斯（Pedanius Dioscorides）醫師也提到草藥是羅馬軍人受傷時醫治的主要方式。

中世紀時，用草類豆科植物與小麥輪種的「三圃農法」（three-crop systems），更是維持歐洲糧食供給的主要農種法，後來推行三圃農法的中心，還成為普世第一所大學「巴黎大學」成立的所在地。十六世紀是航海探險的全盛時期，各地收集來的奇花異草，開始促進分類學的發展，大生物學家林奈（Carolus Linnaeus, 1707-1778）更提出草類學的分類。

蔡斯在書中提到，她是在林奈的分類基礎上再往前走，她特別強調「草穗的結構」是草類分類另一重要特徵，依此她再分出新的屬種，這是她對草類分類最重要的貢獻。

同年，她到歐洲各地採集草類標本，並且代表美國聯邦政府與各地的植物標本館，訂立資訊交流及定期展示植物標本的合作關係。她成為國際著名的植物學家，更多女性主動申請加入她的「植物女性之友」會。她培養出許多傑出的女性科學家，如種子生理學家魯蒂（Anna Maude Lute）、蘚苔分類學家朋娣若（Maria Bandeiro）、熱帶植物學家馬西亞（Ynee Mexia）、草類學家洛西絲（Zoraida Luces）等。

最喜愛在田野工作

蔡斯寫道：「雖然研究草本植物，不像植物學其他的研究領域熱門，但這完全無損發現科學新知的喜悅。」除了科學研究之外，在採集植物時，她也喜愛與各地的農民交談，她說：「在野外採樣時，我彷彿遇見了世界上最善良的一群人。」

她也常記錄野地的自然景致，她的田間紀錄上寫著：「喔！聽到夜鶯在歌唱。」「我整日在湖邊工作，這裡像是天國一般。」「何等奇妙的一日，何等榮耀的日子，我的一生最珍貴的，彷彿是譜在這些榮耀的樂章上。」「能夠照顧花草，有如是在伊甸園裡工作。」她也寫到採樣時遇到的危險，「經過的泥炭土區，像是一個巨大的海綿，吸住我的腳。」

一九二四年，美國農業部與幾家植物博物館，共同資助她前往牙買加尋找幾種外界未知的蕨類。因為在一百多年前，義大利有個宣教士名叫拉迪（Giuseppe Raddi），他曾經前往巴西布道，歸國時帶了一些蕨類標本，是外界從未見過的，後來科學界極想探知這批蕨類的來源。曾經有植物學家進入巴西，但是空手而歸。

探索百年前的足跡

蔡斯前往巴西東南方的港口里約熱內盧，找到當地的布道所，向宣教士探知早期拉迪可能走過的布道路線。她南下雷西腓港，再往內陸前進約兩百七十公里。到了格蘭韓斯鎮，改成步行，遇到里奧聖弗朗西斯可河，換成小舟，溯河而上，這裡已是外界植物學家少有深入之地。她在當地兩名宣教士與得力助手朋娣若的陪同下，攀山越嶺，直達薩爾瓦多，終於在途中找到這些蕨類。

「我的田野觀察紀錄的每一頁幾乎都是寫滿的。」她又發現數種新的草種，她繼續寫道：「腳上起水泡的植物學家有福了，因為他們將比別人看到更美麗的花朵，聽到更多蜜蜂的嗡鳴，吃到更多種類的野果。」

勇登黑針山

一九二五年，她又受委託前往巴拿馬，探勘巴拿馬運河河邊的植物。隨後她再進入薩爾瓦多，去爬阿加斯黑山，該山又稱「黑針山」，因為山勢自地平線凸起，以接近垂直角度聳向天空。

蔡斯當時已經五十六歲了，她寫道：「黑色的花崗岩壁上，只有窄細的裂縫與生長在裂縫裡的矮灌木，我幾乎找不到路徑可以攀爬。我兩腳踩著灌木，手指伸進裂縫，用力向上攀。有些地方根本就陡得像煙囪，我改用繩釘釘壁攀爬而上。末了，

有巨大的岩石直凸出來，我仔細看遍，似乎沒有著力點可以爬上去。忽然看到一道小小的裂縫由岩壁繞到岩石上，我立刻像壁虎一樣，把手腳插在裂縫中，用力爬上去。在山頂，我找到一種從未見過的草類。我把一條大毛巾綁在身上，把草放在毛巾中，再慢慢的爬下山。這趟攀爬其實只花了兩天，卻好像經過很長很長的時間。」隨後她將蒐集的成果發表，她成了著名的科學探險家。

為了尋找更多新種與稀有的植物，她愈來愈深入人跡罕至的地區。一九二九年她又進入阿根廷，爬上阿空加瓜山，這山有四千三百七十公尺高，是南美洲第一高山，她是登上這座山頂的第一位女性。

深入熱帶雨林

一九三〇年，她再入巴西，目的是遠征亞馬遜河。她稱這次旅行是她「一生最艱苦的一次旅行，但想著將會找到的草種，心中不禁泛起一陣甜蜜」。旅程起初的困難是大雨連連，她寫道：「淋得我全身沒有一處是乾的，好不容易找到一個山洞躲雨，才發現地上都是吸血跳蚤，我與騾子狂奔而出。找個沒有跳蚤的地方真不容易，我只好把床掛在兩根樹幹間睡覺，半夜大風襲來，把床吹得像盪鞦韆一樣。僱來的土著，沒有一個隔天還願意再去，我只好隻身向前。」

「我也會有害怕的時候，有次掉到三公尺深的沼澤裡，水裡有巨大的鱷魚。我拚命游上船，心裡還是很緊張，只好大聲唱起詩歌『苦難終將過去，末了終必得勝……』。那時，我還不曉得我背後已埋伏許多印第安人，他們已經跟了我一段路，後來才知道他們沒有攻擊我的原因，是在印第安人心目中，唱這種曲調的都是好人，不是與他們爭戰的族類。他們從密林中走出，熱情的招待我一鍋肉湯，香噴噴的肉拌著辣椒和香菜，我問他們這是什麼肉，他們居然指著樹上的猴子！另一鍋則是鸚鵡！我噁心得幾乎要吐了，但是如果我要在亞馬遜河雨林中生活下去，就必須學著吃印第安食物，還是奮力吞下去吧。」

蔡斯記錄了亞馬遜河近五千種植物，為日後留下雨林生物多樣性的第一手資料，這對研究熱帶雨林是很重要的貢獻。一九三五年，她將採集植物中的禾本科分類，發表〈巴西禾本科植物研究〉。在科學史上，她是收集亞馬遜叢林最多標本的植物學家，她由植物學的觀點提出：「保護亞馬遜豐富的野生動物，最重要的步驟是保護該地的森林。」她的見解成為後世保護亞馬遜叢林的先河。

以溫柔的心對待小草

一九三六年，她升任為植物標本館館長，行政主管的職責使她無法經常出外。她轉而推動草種篩選，找出可供土壤保持與具鋪地毯功效的草種，她選出地毯草草屬，並將種出來的效果繪製成美觀的圖片，印刷分贈各處。一九三九年，她自農業部退休，這時她已七十歲了，卻自認未到歇手不幹的時候，她轉任史密森學會國家歷史博物館的研究員，她寫道：「總算可以全時間去做自己真正想要做的事了。」

她將自己的住家改為宿舍，招待世界各地前來史密森學會研究植物的女性學者與研究生，她幾乎是以免費的方式招待這些房客，並且親自為她們料理飲食。她擅長烹調，更讓學生特別懷念。房客離開後，她持續與她們保持聯絡，甚至親赴海外幫她們解決問題，例如她曾前往委內瑞拉調查當地的草種，並建議在乾旱地區栽種能耐旱的草類。

一九四八年，她在美國農業部出版的農業年報，以〈溫柔的心承受地土〉為題目，介紹草類學。一九四九年，報社記者訪問她，問她為何一生始終熱中於草類研究？她答道：「草使大地的土壤更能夠團聚在一起，使人類脫離穴居生活，逐草而居。整個人類的文明是建立在草類之上，而草類又遍及各地。」

一九五六年，她獲得美國植物學會的金質獎章，兩年後，伊利諾大學頒給她榮譽博士學位。一九六一年，她榮獲倫敦林奈學會的院士以及史密森學會第八位院士的殊榮。時間逐漸追上她的腳步，她改而擔任博物館解說員。一九六三年，她自史密森學會退休後，又申請擔任義務解說員，這時她已九十五歲了，五個月後，她覺得再也走不動了，才搬到老人院。搬進老人院的第一天，她就逝世了。

她一生守寡七十四年，她遺言將她的骨灰與丈夫的合葬一處。何等的愛！

No.

8

為了蘆葦我不能倒下

開創工業毒物學的愛莉絲

Alice Hamilton

一八六九年二月二十七日，愛莉絲·哈彌爾頓生於美國紐約。這個有愛心的女醫生，成立了一個新的醫學部門——「職業傷害科」，更建立一個新的醫學領域——「工業毒物學」，推動了一個普世性的社會運動——「消費者保護」。

親愛的母親：

當你收到這封信時，我仍然在想念著你，寒冷的密西根湖畔，枯黃的片片落葉，讓我更想家。

多年來，我欲使自己成為一流的醫生，如今，卻發現自己完全無法負荷醫院的例常工作。我才二十六歲，但是我的心已經疲得像個老人，甚至沮喪得想自殺。多麼可怕的想法，不是嗎？兩年來，讓我深感難過的是，我醫治了病人，卻無法真正的幫助他們。多少次，病人出院的時候，我想跟他們一起出院，實際的去解決他們的問題。但是，世界上哪有醫生跟病人一起出院的？多麼荒謬的想法，不是嗎？

但是，親愛的母親，我難忘那一群未婚媽媽被她們所信任的男人拋棄，我看到這些男人在性關係上，是這麼不負責任，人的可怕罪惡真的存在。唉！這一群少女和她們的嬰孩，被她們家庭、整個社會所拋棄，我那不肯放棄她們和嬰孩的愛心，使我的人生負載更加沉重了。

全世界有沒有一種醫生，不需要留在醫院裡看病，而是走出醫院，走進社會，成為這一批被壓傷的蘆葦的代言人呢？

你的女兒愛莉絲上

這個有愛心的女醫生是愛莉絲．哈彌爾頓（Alice Hamilton, 1869-1970），她後來從沮喪中站起來，成立了一個新的醫學部門——「職業傷害科」，建立一個新的醫學領域——「工業毒物學」，推動了一個普世性的社會運動——「消費者保護」。今天，許多我們耳熟能詳的：鉛有毒、使用有機溶劑會致癌、古柯鹼是毒品、工作場所應重視安全、最低工作薪水保障、女人有節育的權利……，都是她推動的。

幸好，幸好，她當年沒有因為一時的沮喪而放棄。

這世界有太多被壓傷的蘆葦，需要她扶持站起來！

母親的教養與鼓勵

一八六九年二月二十七日，愛莉絲．哈彌爾頓（Alice Hamilton, 1869-1970）生於美國紐約。愛莉絲的童年並不愉快，因為她父親本來擔任銀行經理，後來染上酒癮，晚上經常在外面喝到不省人事，被人扶回家。愛莉絲寫道：「若不是母親，這個家早就毀了。母親的生命中有一股安靜的力量，父親再怎麼墮落，母親每天念書給我們聽，並且天天帶我們出去散步……。母親認為，愛心、知識與信仰，是家庭給孩子最好的三樣禮物，我從小就記得母親說過：一個女人有追求自由的權利，自由是生命中最貴重的禮物，但是只有真理才能給人真自由。」

愛莉絲念中學時，母親就鼓勵她學好語文、數學、化學，理由是「這三個科目，會幫助女孩子學習積極向上與自我節制」。當愛莉絲喜歡讀愛情小說時，母親就與她一起讀，一起討論。愛莉絲當時寫道：「愛情小說有兩種，一種是愚昧、輕浮的，另一種是認真、嚴肅的，探討男女在互愛與互信的關係上，如何一起走過各種危機。」後來愛莉絲成為哈佛大學教授，在課堂上告訴女學生如何分辨好男人。她說：

「假使一個男人不會說『我可能也會有錯』這句話，他已經失去了人性。」

成為關懷弱勢的醫生

一八八八年，愛莉絲在教會聽到一個女宣教士的見證：「為了帶給印度好的教育，我願意走上一條沒有多少人走過的窄路。」愛莉絲聽後大受感動，決心要成為一個醫學宣教士。她認為：「如果我是一個醫生，我到任何地方都能自立更生，無論遠渡重洋，或居住陋巷，都有人需要我。」一八九〇年，她以優秀的成績進入佛特威尼醫學院，完成醫學預科教育，一八九二年再進密西根大學醫學系。愛莉絲寫道：「很多人勸我，女孩子不適合念醫學系，這些害怕是想像而來的，我相信恐懼是可以被克服的。」

一八九三年，愛莉絲到醫院實習，發現自己不適合只單純做一個醫生，因為她對病人出院後的遭遇更感憂心。一般醫生不會去管已經出院的病人，因此她感到困惑，寫了一封沮喪的信給母親。幸好，不久她又堅強起來，寫道：「一個心靈軟弱的人，連所住的洞穴是圓是方，都會左右為難。但是一個心靈強健的人，能在惡劣的環境中喜樂，因為她看到，知識可以轉換成生命。」她開始在外面租屋，照顧四個未婚媽媽與嬰兒；每週又有一個晚上，教導三十多個媽媽育嬰學與嬰兒營養。醫院同仁戲稱她是「育嬰房牧師」，愛莉絲卻說：「當醫學工作成為一種固定的生活模式，我反而失去工作的喜悅與生命的滿足。但是當我拯救一個被人虐待的小女孩，我發現我的專業負擔與工作意義連成一直線。」

讓工業毒害與職業傷害被看見

一八九六年，她再到約翰．霍普金斯大學專攻生理學。兩年後她提出「胃潰瘍」與「腦部神經元的功能」研究報告，並且擔任芝加哥西北大學病理學教授。愛莉絲利用課餘照顧一些受虐兒童，開授社區婚前性教育課程，並且幫助一些新移民講英語。一九〇三年，她追蹤芝加哥的一群移民勞工，發現他們罹患肺炎與惡劣的工作環境有關，之後她發表了「芝加哥肺炎研究」報告，正是近代工業疾病學上的重要里程碑。愛莉絲還聯合一群護理人員，推動社區肺炎預防工作。

一九〇四年，愛莉絲為社區青少年組織球隊，發現有些年輕人吃了古柯鹼後，連球都打不動。她對古柯鹼進行化學分析，發現根本就是毒品，而非販賣者所稱「只是會上癮的提神藥」。她立刻受到黑社會恐嚇，但幸好也有一批律師支持她。一九〇七年，古柯鹼被判為「毒品」，販售古柯鹼屬於犯罪行為。

一九〇八年，愛莉絲發現一些火柴公司的工人，有的眼睛瞎了，有的上下頜骨壞死。頜骨壞死是非常疼痛的疾病，但是工人為了保住工作，只好忍住。愛莉絲研究病因，發現是火柴上的白磷毒性，造成骨骼性壞死。她又對上了火柴工業財團。一九一〇年，美國立法禁止火柴製造業使用白磷。成就斐然之際，愛莉絲卻說：「我彷彿走在森林中，卻不知出路在哪裡？但是如果我能做好一件事，我就會一直做下去。」工業毒害與職業傷害，在當時都是全新的領域，而且醫院也沒有這類門診，中毒的病人真是求告無門。

證實鉛中毒的危害

一九一〇年，愛莉絲調查「鉛中毒」案件，更是世界聞名，使大眾警覺到鉛的毒性。鉛是工業界最常用的原料，汽車、罐頭、自來水管、鍋子、杯子、油漆、包香煙的錫箔紙、電鑽、化妝品等，裡面多含有鉛，鉛如果具有毒性，整個工業界都會受到衝擊。但是愛莉絲認為人的生命更為珍貴，她發現有三百多個鉛工人手腕擡不起來，這是鉛中毒的初期症狀，手腕肌肉神經中了毒害而麻痺。嚴重的鉛中毒者，腦部會受損，全身肌肉會不由自主的抽搐，而且急速老化，使四十歲的人看來像五、六十歲。

愛莉絲的鉛中毒調查報告，立刻成為各醫院鉛中毒的診斷指南。但是引來的攻擊也大，許多工廠老闆宣稱：「這是工人喝酒過多，或吃壞肚子的結果。」一九一一年，美國聯邦政府立法規定「製鉛工人，每月定期檢查身體含鉛量」；一九一五年，鉛中毒終於被認定，從而產生了二十世紀一門重要學科——工業毒物學（Industrial Toxicology）。愛莉絲說：「我四十多歲了，才終於發現自己的使命。」

堅持理念不畏強權

愛莉絲的調查，被工業界視為觸霉頭、流年不利，業者甚至將廠房隱藏起來，不讓她知道。愛莉絲寫道：「工廠排出的黑煙，好像是上帝引領我前往的雲柱，讓我知道哪裡有問題。」一九一六年，愛莉絲成為美國公衛協會工業疾病部門主席，兩年後，美國哈佛大學聘她開課教授「工業疾病學」。愛莉絲是哈佛大學有史以來第一位女教授，當時哈佛大學學生尊稱她是「全世界頭腦最強大的女人」。

一九一九年，愛莉絲又提出「銅中毒」的氣喘症狀，以及炸彈原料中的「三硝基苯酚」（picric acid）毒害。當時她提出這些毒害，被攻擊是「披著科學外衣的反戰分子」。但是她對外界的攻擊一律不加以辯解，很有智慧。

她一生保持四個重要的行事原則，使她能夠扭轉工業界和政府對她的誤解。一、她揭發工業的毒害，但接著提出工業生產上的解決之道，並且樂意與廠方合作，改善問題。二、她只憑醫學證據說話，極端理性、冷靜。三、她非常有信心，她認為自己是「二十世紀，大衛打倒巨人歌利亞的那一小塊石頭」。四、她具有高度熱忱，每講到工業毒害，可以滔滔不絕，而且字字發自肺腑。

將醫學結合法律制定

愛莉絲繼續提出染整工業中的苯胺之毒、一氧化碳毒性、汞的毒害、石棉中氧化矽的毒害、有機溶劑甲苯的毒性。一九二五年她出版《美國的工業毒物》（*Industrial Poisons in the United States*），這本書成為第一本毒性學的大學教科書。

像愛莉絲這樣熱心公益的人實在少見，她的專業工作已經夠忙了，又推動「消費者保護運動」，並擔任國際消費者聯盟副總裁。一九二一年，她推動「婦女離婚時，有權獲得一半家庭財產」，成功立法保障婦女權益。一九二二年，她提出「犯罪者家庭的兒童照顧」。一九二四年，她成為國際聯盟公衛組織主委，把公共衛生的重要推向全世界；隔年成立「醫學無國界」組織，照顧貧窮國家人民；一九二六年，推動《工業安全準則法》。

一九三五年，愛莉絲自哈佛大學退休。當天，有位工業大亨在報上投書：「我不知道你們怎麼看愛莉絲．哈彌爾頓教授？很多人認為她是阻礙工業前進的最大噪音。有人認為只有公司在倒楣的時候，才會被她點到名。但我敬佩她，她提到我公司使用甲苯會產生毒害，使我學了很多。我工廠裡許多女工患有經常性流產，因為她的真知灼見而獲拯救。」

從事良心事業永不退休

愛莉絲退休後，仍繼續研究及工作。「我不覺得老」，是她最常說的一句話。她繼續提出「橡膠工業中硫化物的毒害」、「冷氣工業中的四氮化碳毒害」，並且擔任美國總統主持的「社會趨勢研究委員會」核心委員。醫生警告她：「以你這個年紀，還這麼忙，對心臟會有不良影響。」她卻說：「一個人若過著沒事幹的枯燥日子，心臟才會有問題。我每天都期待有新的問題發生、有新的難題可以克服，生活有新的驚奇，這會使我的心臟跳得更有力。」

一九六五年，她已經快一百歲了，還倡議「當代最大的危機，不是東西方的冷戰或核戰，而是基本道德與價值觀的流失」，並大力支持《美國開放移民法案》。

由於她在國際擁有高知名度和傑出的學術成就，有人特地到她的教會採訪，才發現她不是擔任講員，不是擔任主席，而是擔任教會育嬰房裡的看護。愛莉絲一生沒有結婚，但是她拯救了無數家庭和孩子。一九七〇年九月二十二日，愛莉絲才真正從人生中退休，她活了一〇一歲。

No.

9

與披著羽毛的音樂家相遇

耐絲與鳥類生態學

Margaret Nice

當多數人只把野鳥當成獵物，或當成欣賞的對象，或毫不關心之際，她卻以八年的時間追蹤雀鳥的行蹤，以一生的歲月，去研究鳥類，開啟近代野鳥棲地的保護運動。

與野鳥做朋友

一八八三年十二月六日，瑪格利特．摩爾斯（Margaret Morse，後冠夫姓耐絲Nice, 1883-1974）生於美國麻薩諸塞州西部的阿默斯特鎮，她的父親是阿默斯特大學歷史學系教授，同時是一個愛好種植蔬菜與果樹的人。她後來回憶：「在我兒時的記憶裡，父親不是在田裡抓蟲，就是爬在果樹上。」她的母親畢業於聖軛山女子學院，熱心社區教育，經常帶著孩子與鄰居到野外認識花草。耐絲寫道：「母親期待我們七個孩子都能辨識花朵，認識野花，就能欣賞大地上最美的一角。」

摩爾斯家的小孩剛進入小學時，父母親就送孩子一本生物學的書做為禮物，摩爾斯獲得的是美國主日學會出版的《珍妮與鳥》，這本書是講一個名叫珍妮的小女孩與一隻鷦鷯做朋友的故事，母親經常要她朗誦給全家聽。兒時的影響是那麼深遠，使得耐絲後來成為二十世紀最著名的鳥類學家之一，與全世界許許多多的野鳥做朋友。

她的日記充滿著鳥類的紀錄，例如春天飛來的知更鳥、花叢中採蜜的蜂鳥、樹梢上鳴唱的歌雀。她也記錄其他的生物，如「石蠶蛾是水中最神祕的住客」、「癩蛤蟆在水中產的卵像是串串珍珠」、「水中沉靜的蠑螈長得好像蜥蜴」等。她寫道：「我熱切的想認識周遭的一切生物。」

暑假是她最期待的日子，父母送她到鄉下與祖父母同住。她的祖父母在年輕時是印度的宣教士，也是辨認野生動植物的高手。她在日記裡描述：「今天，祖母帶我去探險，到河邊去認識一隻烏龜。」一八九五年，祖父母送她的耶誕節禮物《鳥的築巢技巧》更成為她青少年時期最喜愛的一本書。「這本書使我跨出研究鳥類的第一步。」她照書上所寫，記錄鎮上鳥巢的分布，她說：「我連作夢都夢到鳥巢。」

為了探訪鳥巢學會爬樹

一八九七年，她就讀中學時愛上文學，她發現：「文學是珍藏優美文字的寶庫。」她將文學與鳥類研究結合，在學校出版了一份《鳥報》，定期報導校園裡鳥類的活動。為了報導鳥巢裡的狀況，她學了一身爬樹的本領，甚至有一次為了保護巢裡的雛鳥，還打死了一條蛇。

一九〇三年，她也進入聖軛山女子學院就讀，她與兩位女同學組成一個探險小組，經常爬山、遠足，為了安全，她還買了一把來福槍，她寫道：「書本難以喚起我學習的熱情，但是當我走到野外時，就充滿認識大自然的飢渴。」她又說：「到野地，才知道文明帶給人方便，也使人逐漸忘了野地裡的趣味。」四年後，她並申請進入克拉克大學應用生物學系的研究所深造。

她的指導教授邱德（Sylvester D. Judd）研究「鳥類的飼食」，給她一隻鶉鳥（bobwhite），要她記錄這隻鳥整天的進食量，她寫道：「研究所裡如細菌學、神經學、組織學的課業已經很重了，我還要去採集草種、捕捉蚱蜢，來養這隻彷彿一直都吃不飽的鶉鳥。」

但由於她對野鳥的喜愛，這份苦差事仍讓她甘之如飴。她發現這隻愛吃的鳥，一天之內竟可吃一千五百三十二隻昆蟲，其中一千隻是小蚱蜢，她興奮的向老師報告，老師卻怪她餵得太多，讓鳥吃個不停。其實，她的發現是正確的，鶉鳥的確是昆蟲的重要捕食者。

驚濤歷險結良緣

一九〇八年，她與實驗室裡的幾位同學到野外探險，夜宿河邊沙洲，忽然下起大雨，山洪驟至，淹沒沙洲，幸好他們及時逃到高處。事後她寫道：「只為興趣而熱忱參與野外的活動，有可能是危險的盲從。每次探險，必須清楚前往的目的與方向，否則就是瞎子帶領瞎子。」

她探險的經驗愈來愈豐富，就成了領隊。她預備了足夠的食物、睡袋、帳篷，預先探勘了路線，才率隊前往。有一次探險途中，有一段划舟前進的水路，又逢大雨，使得划舟速度大減，更糟的是上游沖下許多木頭，隨時會有翻船的危險。他們划到太陽下山，仍然未到達預定地。

黑暗中，船猛然撞上一根木頭，這根木頭不僅沒有把船撞翻，還將船頂上木頭。本來，她與隊員大為驚慌，因為船槳划不到水面，無法控制船隻，仔細一看，才知這根木頭救了他們。船在木頭上順著水流漂到了淺處，探險隊員安全上岸，她說：「我感恩不已，整夜無法成眠。」

她注意到有一位新加入的探險隊員李歐那．布萊恩．耐絲（Leonard Blaine Nice, 1882-1974）從頭到尾都很鎮定，他是系上的博士班學生，專攻生理學。經過這場驚險的遭遇，兩人更進一步的交往。他是一個熱愛野外探險的人，自稱：「我是像磚頭一樣堅固耐用的男人。」一九〇九年八月兩人結婚。

結婚後，她幫助丈夫完成博士論文。一九一三年，丈夫前往奧克拉荷馬大學任職，她在學校旁邊租了一間老舊的大房子，屋子的一部分租給大學生，後院則用來飼養雞、蜜蜂、青蛙、一隻豬與一群老鼠，她稱這房子是「黃南瓜」。不久，學生都知道週末時師母會辦戶外探險，參加的學生愈來愈多，她又開設一間兒童自然教室。

一九一五年，她以〈兒童語彙發展與環境的關係〉為論文，取得克拉克大學的碩士學位。婚後到一九一八年之間，她生了四個女兒，她愈來愈忙於照顧孩子、料理家務，無暇到野外探險與觀察鳥類。

一九一九年，報紙上刊載州政府認為原列為保育種的「嘆鴿」（mourning dove）數目過多，可以自八月起開放供人打獵。這件事引起耐絲的憤慨。根據過去的觀察，她記得嘆鴿的母鳥在八月時仍在孵卵。她立刻與「黃南瓜」的這群學生出外調查，果然發現到十月後，嘆鴿的幼鳥方能離巢獨立。她將調查結果反映給州政府，建議延後開放供人打獵的時間，州政府以一篇大學教授的研究成果反駁她，她又與那位教授聯繫，才知道那份研究報告是那位教授讓幾個不夠嚴謹的研究生所做的成果，卻影響許多嘆鴿的存亡。

設立鳥類觀察站

她寫道：「在觀察嘆鴿的過程中，大自然的榮耀再一次深深吸引我。太多人對大自然根本漠不關心，他們有眼卻看不見。從此，我決定以保護大自然與野生動物為己任。」她獲得家人的支持，向美國聯邦政府的生物調查局申請，在大學城外的「蝸牛溪」設立鳥類觀察站。一九二〇年四月，她的申請獲准。她說：「我必須深深耕耘，才能喚醒更多人對於野鳥的喜愛。」

她每天去觀察站一兩個小時，記錄所觀察到的黑鶇、啄木鳥、柳鶯、鷦鷯、知更鳥、仿效鳥、黃鸝、綬帶鳥等，此外，她也經常與家人及「黃南瓜」的大學生去附近的鄉鎮遠足，記錄不同地區的鳥種與隻數。

她的腳步逐漸遍布奧克拉荷馬州，她愈來愈喜歡觀察鳥類，她寫道：「我在河邊看鳶鳥翱翔，在草叢聽雲雀歌唱，連夜間貓頭鷹的啼叫都是那麼迷人。鳥類是一群披著羽毛的音樂家，每一聲的啼唱都是美麗的音符，尤其在深夜裡靜聽，更是優美。」一九二四年，她與丈夫將觀察結果彙整出版《奧克拉荷馬州的鳥類》，她在書的前言寫道：「介紹鳥類是保護鳥類最好的方法。」

保護野鳥的棲地

一九二五年，她轉而研究鳥類對雛鳥的餵食，長期的田間觀察使她愈來愈有經驗。但是豐富的經驗不代表研究的深度，她大量採購鳥類研究的期刊，並從早期出版的第一期買起。她愈讀愈想回大學念博士學位，但是身為四個女兒的母親，丈夫也需要她照顧，她知道難以如願。她寫道：「在學術圈裡沒有博士學位，就像一個殘廢的人與人競走。但是鳥類學研究，在野外觀察仍有一片待發展的空間。」隔年，她開始進行有系統的野外觀察，並將結果投稿到期刊，〈鳥巢的觀察紀錄〉是她以後兩百五十篇研究成果的第一篇。

為了保護「蝸牛溪」的自然生態，她經常與當地的農民溝通，她提出：「讓野鳥留下，牠們吃掉大量的昆蟲與草種，對作物生長有益，因此不要砍掉一些樹枝與草叢。」當地的政府曾想把荒地改闢為公園，以免流浪漢躲在其間，她不厭其煩的與官員溝通，她認為：「雜草叢生並非荒廢的地方，那是鳥類棲息的好所在，光是聽到鳥類的歌唱，就是社會休閒與教育最好的場所。」在打獵季節，她投書報社，以「區分保育性鳥類的方法」為題教育大眾，以免獵人誤殺了保育類的鳥種。有這一位熱心的溝通者，「蝸牛溪」漸成著名的野鳥保護區。

一九二九年，她的九歲女兒忽然高燒病逝。這對她是一個沉重的打擊，她是否太愛看鳥而忽略照顧女兒呢？她沉寂了一陣子。有一天，她一早到野外散步，聽到一隻歌雀在盡情歡唱，她說：「歌雀的生活環境裡有疾病、有掠食者、有風雨的打擊，牠為什麼還能夠發出如此悅耳的歌聲？那是勇敢！何等的祝福，能夠在清晨聽到這些歌聲。活著，就不該留在自己不幸的陰霾裡，該把歡樂散發給別的孩子們。」

從此，她決定走出憂傷，並以七年的時間，研究歌雀歌唱的原因。

鳥類學的發展史

二十世紀以來，觀察鳥類已經成為世界各地最熱門的生態教育活動，許多環境保護的運動，如DDT的禁用、瀕臨絕種生物的保護、濕地的保護等，都是研究鳥類的學者與野鳥的愛護者首先提出的。除了鳥的歌聲好聽、羽毛好看之外，主要的關鍵是，鳥類的活動需較寬廣的空間，所以環境一改變，鳥類就先受影響。鳥類的研究者與觀察者，成為對環境破壞最敏感的一群人。

在鳥類研究與觀察的背後，有幾個重要的哲學思考，使鳥類學成為自然科學裡重要的一門。最早將鳥類當成研究對象的，是十三世紀聖本篤修道院的修士馬格聶斯（Albertus Magnus, 1198-1280），他主張凡是在宇宙中真實存在的萬物，都值得研究。他著作的《動物史》叢集，其中的第二十三冊即為《鳥類學》，他記錄鳥類的行為與生活，是鳥類學研究的先驅。

「鳥類學之父」是英國的醫生特諾（William Turner, 1500-1568），他在劍橋大學念醫學系時成為基督徒，熱心傳講福音，英國國王亨利八世下令抓他，他在一五三九年逃到瑞典，又因信仰的緣故被通緝，他又逃到丹麥、荷蘭、法國、奧地利等地。逃亡使他有機會看到歐洲各處的鳥類，他開始用鳥的形態特徵進行分類，並出版《鳥類分類學》的專書。

而後，伊利葛（Carl Illiger, 1775-1813）認為用解剖認識鳥類的結構，可以更精確的分類。波拿巴第（Charles Lucien Bonaparte, 1803-1857）則成立鳥類博物館，大量收集鳥類標本，將鳥類做更有系統的分類，他曾寫道：「分類學猶似樓梯，縝密的級級相連。」

保護鳥類與環保結合

薛里傑（Hermann Schlegel, 1804-1884）更提出為什麼鳥類存有可供人分類的「特徵」，而且這些特徵可以一代一代傳下去。這些「特徵」除了受到遺傳的影響外，在不同的地區，會產生程度上的「差異」，但是主要的特徵依然存在。他到日本、爪哇、越南等地旅行，收集鳥類標本，分類了四千種鳥種，建立近代鳥類分類的體系。

鳥類觀察普受世人的喜愛，查普曼（Frank M. Chapman, 1864-1945）的貢獻最大，他在一八九九年出版《鳥的學問》期刊，成為許多人喜愛的刊物，他也強調鳥類生態學與鳥類地理分布學，使得喜歡野鳥的人成為環境生態保護的先鋒。

耐絲對於歌雀的研究有獨創的做法。她用彩色塑膠的腳環套在研究鳥隻的腳上，彩色腳環有不同顏色的次序，可以區分不同的鳥，釋放後，她由遠距離就可以分辨這隻鳥。此外，她用錄音的方法研究鳥的歌唱頻率，以及鳥在求偶、交配、產卵、覓食、餵食、守衛領域時的啼叫，試由鳥的啼叫判斷鳥類心理、溝通的方法以及對環境逆境的反應。她也對研究的對象，一代又一代的追蹤觀察，對於鳥類生活史提供更精確的資料。

她發現歌雀的叫聲有不同的旋律，至少有六至二十四種的變化，分別代表不同的意義。她也發現鳥類的叫聲，每一隻各有不同，而且不是傳遺自父母的叫法。她寫道：「我追蹤了八代歌雀的啼叫，發現每一代都有自己的叫法，而且與上一代的叫法不同。」這代表鳥類有自己學習、發展自己旋律的能力，她又寫道：「在叫法上，每一隻鳥都可以顯示其特色。母鳥為了照顧幼雛比較安靜，雄鳥卻是歌唱能手，我曾記錄一隻雄歌雀，一天竟唱了一千六百八十次。」

一九三四年，她發表〈歌雀的行為〉，引起學術界的注意。隔年，她又發表〈歌雀生活史的研究〉，因而獲選為德國鳥類學會的榮譽會員。

一九三六年，她的丈夫獲聘為芝加哥醫學院生理與藥學系教授，舉家遷往芝加哥。她繼續在芝加哥城外的森林保護區觀察鳥類，並發表〈光度對鳥類行為的影響〉，由凌晨四點起，列出鳥類啼叫順序：雞、環頸雉、夜鶯、歌雀、鶊鶬、紅雀、黑鶇等。接著，她又發表〈黃昏歸鳥的次序〉，一九三七年，她被選為「威爾森鳥類學會」主席。

她開始經常受邀到學校演講，她在一場演講中說：「人類文化的活動，不能只留在人工之美的聲、光、色，這些膚淺之美若成為時代的主流美感，我們的孩子將迷失方向。孩子應該知道，最美的部分仍然留在大自然，他們需要去培育鑑賞大自然之美的能力。」她又提到：「為什麼我們的心，常被野地裡的美所激動？為何野鳥的歌唱，讓我們的心感到歡欣？莫非我們本來就與這些鳥類那麼的貼近。」「由一隻鳥的歌聲，就知道活著是一件多麼快樂的事。」

首開野生動物生態管理的先河

一九四〇年，她在美國農業局教導農民「如何在耕種上多利用野鳥提供的幫助」，由於她的努力，許多捕鳥的鳥網不再出現在農田上。她也教導農民合理使用農藥的方法，以免影響野鳥的生存。她建議市政府應如何設計公園裡的夜燈，以免影響夜間鳥類的棲息，她也提倡「土壤保持、森林保育，以增加鳥類的棲地空間」。一九四二年，她獲得鳥類學最高學術獎「布魯斯特金質獎」。

而後，她花許多時間教育各地賞鳥協會的會員，能夠與大學相關的學術團體及科學博物館的典藏標本接軌。她提出：「生態觀察者的危機是目光愈來愈狹窄，只在乎自己所觀察的地區，只在乎自己所喜好的種類，只強調自己所擁有的田間體驗，結果是將自己局限在一個狹窄的區域內，而忘了自然生態的豐富與多樣，提醒我們要有開闊的眼光與心胸。」為此，她建議出國賞鳥，定期出版鳥類學研究摘要。

此外，她也提倡保護生物某一物種，絕非僅在保護該物種本身，更需要保護棲地的水、土、植物環境，因此要從傳統的生態學再分出「野生動物生態與管理學」。她特別強調「保護」就需要有人去「管理」，而非「任憑」其自生自滅。

一九五〇年，她因心臟病較少出野外或四處演講，她把人生最後的精華，用在以近代鳥類的分類法去勘正古代書籍中的鳥類名稱。她於一九五五到一九六二年期間，獲得數所大學的榮譽博士學位。學術界並將在墨西哥發現的歌雀新種（Melospiza melodia niceae），以她的姓為其取學名。

晚年，她用積蓄採購許多鳥類期刊，尤其是將最早期的卷數一一補齊後，贈送給其他國家的圖書館。她寫道：「自然科學是永無止境的學術，研究大自然豐富我們的一生。」一九七四年六月二十六日，她從大自然的舞臺謝幕。

Helen Brooke Taussig

No.

10

聽，孩子的心聲

道西葛與兒童心臟醫學

Helen Brooke Taussig

一八九八年五月二十四日，海倫·道希葛生於美國麻薩諸塞州的劍橋，這裡也是哈佛大學所在地。道希葛是家裡四個孩子中最小的，她的父親是哈佛大學經濟學系教授，母親是園藝學家。

海倫．道希葛（Helen Brooke Taussig, 1898-1986）的父母認為「學習與教育是孩子生長的最佳環境」，因此從小母親教她植物學，父親教她德語，她也學習種花、種菜、划船、游泳。但是，道希葛進入小學之後，學校成績並不理想，尤其是閱讀課，她幾乎無法正確辨識文字，經常讀錯。老師認為她偷懶，沒有做功課，但她實在是盡力了。書香門第的孩子，怎麼會有閱讀的困難？在老師的責備下，她有幾次是哭著跑回家的。

閱讀是學習之門，閱讀困難，將成為獲取知識的障礙。父親帶她去給醫生檢查，才發現她的視覺異常，會將英文字母的「b」讀成「d」，將「p」左右顛倒讀成「q」，這種異常稱為「閱讀障礙」。醫生的發現，化解了老師的責難。

難處與祝福

「閱讀障礙」雖然沒有視覺矯正的方法，但是在成長過程中，只要不氣餒，視覺與大腦重新協調，會發展出自己的辨識法，逐漸恢復閱讀的能力。道希葛說：「我最需要的不是強迫閱讀，而是將心情放輕鬆，才能重新面對閱讀，以自己所能的方式，與所能了解的程度，盡力去完成。」她到中學二年級時，終於在英文課程取得滿意的成績。

當她逐漸走出閱讀障礙的陰影時，一九一〇年母親死於肺結核，這又是一個沉重的打擊。更糟的是，不久醫生發現道希葛也感染了肺結核。她念劍橋女子中學時，只能上半天課，下午就回家休息，所以她比別人多讀一年才畢業。道希葛寫道：「年輕時的逆境是我最好的老師，幫助我將缺陷當成需要克服的挑戰，將自己有限的精力用在重要的事情上，而非隨意的揮霍，並且能夠感受到人性裡的極限，有些事情沒有能力做到，就是做不到。」

與父親和好

一九一七年，道希葛進入雷德克里菲學院，肺結核病逐漸好轉，她也成為學校網球與棒球的校隊。一九一八年，父親再婚，這對道希葛是一個打擊，過去她一直認為，逝去的母親在父親心目中的地位應該是無法被取代的。她決定遠離家庭，一九一九年到加州大學柏克萊校區就讀。離家使她更想家，她經常寫信回家，與父親反而有更深的溝通，恢復父女的親密關係。

她在柏克萊就讀時期，大部分的時間都花在戲劇系。瘦高的身材、美麗的外表、豐富的情感、喜愛與人分享，與在幾次舞臺劇的擔綱，使她覺得自己適合當個演員。但是，畢業前的一次登山探險，在路上遇到一場暴風雪，回來後她開始認真、冷靜地思考：「到底什麼是值得自己委身的？」那場風雪冷卻了她往戲劇發展的熱情，她決定要念醫學院。一九二一年，她自大學畢業，回到父親家，並進入剛成立的哈佛大學公共衛生學系。

著迷於心臟研究

當時的哈佛大學醫學院招收女學生，只給學分，不給學位，哈佛大學醫學院直到一九四五年才頒發學位證書給女性。道希葛進入公共衛生學系時，她是班上唯一的女生，但是她認真求知的態度，受到教授注意。組織解剖學教授布雷莫勸她不要在哈佛念無法取得學位的課程，推薦她前往波士頓大學，先取得醫學院預科的證書。

一九二三年，道希葛前往波士頓大學就讀。解剖學教授貝格特別欣賞她，聘她擔任研究助理，一起研究心臟肌肉的功能。道希葛描述道：「貝格教授的邀請，是一種挑戰，他問我：『想不想了解人體一個重要器官的功能？』，我接受這份挑戰。走進他的實驗室，解剖檯上放著一大顆牛的心臟，他教我辨認牛心的部位，隨後要求我將牛心各部位切開。我將牛心切得一塌糊塗，我想我將任務搞砸了。但是，貝格看了我的工作成果，叫我明天再來。隔日我進入解剖學實驗室，解剖檯上又有一顆新的牛心。」每天切割一顆牛心，看似是血淋淋的工作，卻開始引起她研究心臟的興趣。

不久，貝格教授給她一個新的任務，要她將切下的心臟肌肉，看在何種情況下，仍能保持肌肉的跳動節奏。她細心的從牛的心室取下一條肌肉，置入不同狀況的組織培養液中，觀察心臟肌肉的跳動節奏。她發現在攝氏三十二度，酸鹼值七．八的微鹼液、有充分的氧氣供應的條件下，維持肌肉跳動節奏的時間最久。貝格接著又提供貓、狗、老鼠、羊、牛的心臟給她做實驗。道希葛有數個月之久，每天從早在解剖實驗室觀察心肌跳動直到半夜，深深為心臟肌肉運動的研究著迷。最後，她獲得人的心臟做為研究試驗的材料。一九二四年底，道希葛在貝格教授推薦下，進入約翰．霍普金斯大學專攻內科。

選擇冷門的領域

一九二七年，她以優異的成績畢業。同年，約翰．霍普金斯醫院成立心臟內科門診，小兒科主任派克醫生邀請道希葛到該科實習。當時，心臟內科是冷門的一科，很少畢業生願意前往，道希葛決定接受，她寫道：「這只是過去受到啟發下的單純選擇。」又寫道：「前面沒有太多車輪壓過的痕跡，不過這可能是通往更具開展的空間，窄路常是更值得委身的道路。」

當時，心臟內科門診只有道希葛、一個社工人員與一位助理員。道希葛除了門診之外，還需要負責操作心動音電儀與螢光屏檢查儀，檢查病人的心臟跳動與心臟結構。兩年後，實習結束，她留下來擔任主治醫師。

失去聽覺的危機

一九三〇年，另一個打擊到來，她發現自己的聽力逐漸喪失，首先是聽不到小提琴的琴音與鳥鳴，後來掛上聽診器也聽不到病人的心跳聲。醫師的診斷需要精確，一個心臟科醫生，竟然無法聽見病人的心跳聲！

道希葛並不氣餒，她學習閱讀唇語，戴上助聽器，並依賴儀器的輔助來診斷。她也發展出一種獨特的聽診法，她將雙手放在病人的心臟部位，由手指去感觸心的跳動。長期的專業訓練，使她的手指對於心臟的跳動非常敏銳。

她也製作一支大型的擴音筒，讓病人用來跟她說話，如果還是聽不見，再請病人寫在紙上給她看，靠這些方法，她繼續為病人看病。她寫道：「我尋找一個最佳的角度去看我的殘缺。逐漸的，我能接受這個殘缺，再繼續往前。」

盤尼西林與猩紅熱

當時小兒科心臟門診最嚴重的疾病有兩種，一種是鏈球菌所引起的風濕性心臟病，部分染病的兒童會發高燒，又稱為「猩紅熱」。早期有許多兒童死於此病，但是盤尼西林（青黴素）發現後，就能有效抑制鏈球菌，減低病童的死亡率。一九三〇年代，道希葛就是以使用抗生素盤尼西林，抑制鏈球菌引發的疾病而出名。

經歷過視覺異常與聽障，使她對病人的軟弱更感同身受，她沒有結婚，就把病童當成自己孩子一般。傳統的醫生形象，是冷靜不露感情，醫生的角色像是開著轟炸機去征服病魔的英雄，病人只是這場戰爭的背景。病人與病人家屬對疾病的懼怕、醫治的期待、病榻上的孤獨，醫生無需介入。但是，道希葛不僅關心疾病，也關心病人。

當年許多病童稱她是「醫院裡最好的阿姨」、「像小學老師，病人由腳底到頭頂，她都關心」、「她是我在病中看到的第一個神蹟」、「她是病童父母在無助之海的最重要支撐」、「她是上帝差派來給孩子的天使」。道希葛不只醫孩子們的心臟，也撫慰他們的心。

法洛氏四聯症

另一種更可怕的兒童先天性心臟病是「法洛氏四聯症」（Tetralogy of Fallot）。盤尼西林可以避免造成風濕性心臟病，但是對於「法洛氏四聯症」卻完全束手無策。每一百個心臟異常的兒童中就有一人是此症患者，在道希葛想出破解方法之前，這個先天性疾病的病人只有等待死亡。

人體的心臟像是兩具幫浦，有節奏的傳送血液，第一部幫浦在右心室，當血液由右心房流入右心室裡，右心室就經由肺動脈將血液送至肺部，血液由肺部獲得氧氣後，經由肺靜脈流入左心房，再進入左心室。左心室像第二部幫浦，再將含氧充

Head and
upper extremities
R. Lung
S.V.C.
R.A.
P.V.
Aorta
put. A
L. Lung
put. V.
Descending Aorta
L.V.
trunk and
wer extremities

足的血液輸出，送至全身。這是心臟的正常功能，但是有些小孩在出生時心臟異常，以致血液無法自肺部獲得足夠的氧氣，這種血中缺氧的小孩會全身乏力，不是經常蹲在地上，就是長期臥床。他們有一個共有的特徵，就是皮膚血管因缺氧而呈現泛藍色，所以這種病症又稱為「藍嬰症」，嚴重者會很快的死亡。

心臟醫學簡史

在西元前四百年，古希臘的醫生希波克拉底就提到藍嬰症的現象。但是直到十八世紀，荷蘭的醫學家桑迪弗特解剖藍嬰症死者的遺體，才發現其肺動脈狹窄，開始認為這是心臟功能異常所致。十九世紀法國解剖病理學家法洛（Etienne- Louis Fallot, 1850-1911）提及這種心臟異常的症狀，有百分之七十五會呈現肺動脈狹窄，以致血液難以流至肺部；右心室肥大，以致幫浦血液進入肺部的功能不彰；心室間的間隔缺損，以致血液不經肺部就直接進入左心室；主動脈跨位於缺損間隔的心室，以致血液可以直接進入主動脈。這四種現象經常一起產生，又稱為「法洛氏四聯症」。

二十世紀初，加拿大的女醫師亞伯特（Maude Abbott, 1869-1940）大量蒐集法洛氏四聯症的心電圖與心音紀錄，成為初期內科診斷的依據。雖然可以經由內科診斷，但是仍然缺乏醫治的方法，關鍵在二十世紀初的外科醫學仍然無法進行開心手術。道希葛知道，除非成功的打開心臟，否則法洛氏四聯症無法醫治，這需要內科與外科醫學合作，才能突破。

一九三〇年以來，道希葛已經診斷出數百個法洛氏四聯症的病童，除了給他們純氧罩，讓更多的氧氣進入他們肺部，沒有別的辦法。她眼睜睜看著這些病童啼哭聲漸漸微小、迅速消瘦、胸部疼痛、皮膚泛藍，不久陷入昏迷、死去。由於病童的心臟無法將血液送入肺部，給再多的氧氣也無濟於事。

醫學界的女福爾摩斯

道希葛研究每個死去兒童的心電圖，在一九三九年又到加拿大請教亞伯特醫師，她相信在一定有個徹底解決問題的關鍵。經過長期思索，她知道法洛氏四聯症患者的死亡原因不是心臟衰竭，而在無法獲得氧氣。不過，她發現少數心臟異常的患者，血液並沒有呈現缺氧的現象，反而是肺部血液過多，導致血壓過高而死。為什麼得同一種病的人會有兩種完全不同的病理現象呢？她像是偵探福爾摩斯，從蛛絲馬跡思考破解之道。

尋找破解千年絕症的關鍵

她發現這些肺部血壓過高的患者，心臟結構上有一個異常特徵，就是動脈導管沒有閉鎖，這稱為「開放性動脈導管症」。當胎兒還在母體內時，這條動脈導管本來是接通臍帶，是由母親血液提供氧氣給胎兒的管道，當胎兒出生開始啼哭的那一剎那，非常奇妙的，動脈導管就會自動閉合，讓嬰孩的心臟直接將血液送入肺部，開始自己呼吸，獲得氧氣。

開放性動脈導管症患者的這條導管一直無法閉合，以致導管內的血液與心臟的血液一起進入肺部，產生肺部高血壓。她忽然想到，為何不用這種殘缺，去解決法洛氏四聯症血液無法進入肺部的殘缺。她認為在肺動脈之外連上一條人工導管，並讓這條導管接上主動脈上的一段，讓血液由主動脈經由導管與右心室一起輸入肺部，讓無法輸送血液到肺部的問題獲得解決。如此以一種殘缺去解決另一種殘缺的想法，實在是醫學研究有趣的地方。

心臟外科醫學的突破

一九三八年，已經有三個外科醫生能夠藉由手術，結紮動脈導管，解決了「開放性動脈導管症」的問題。道希葛前往拜訪其中一位醫生，希望他能幫助法洛氏四聯症的病患。這位醫生聽了道希葛的想法後，認為她瘋了，將她趕走。他好不容易才能夠將心臟的一條血管封閉，現在卻有人要他將另一條血管打開。

道希葛沒有氣餒，一九四一年，約翰．霍普金斯醫院聘請布雷洛克前來擔任外科醫學的主任，他是當年能夠結紮動脈導管的三位醫生之一，道希葛知道機會來了。首先，她數次前往觀看布雷洛克的手術，誇獎他技術高超，布雷洛克笑得很愉快。

道希葛還發現布雷洛克身邊有一個年輕的助手，是個名叫湯瑪斯的黑人，這人的手更靈巧，手術中最艱難部分，都是這個黑人在操刀，甚至手術進行前的動物試驗，也是他在進行。

道希葛把湯瑪斯也放入她的遊說名單內。她用一年的時間，以善意的行動加上學術上的反覆說明，終於獲得布雷洛克與湯瑪斯的正面回應，並且決定以人工導管，由鎖骨下動脈接上肺動脈，增加法洛氏四聯症病人血液進入肺部獲得更多氧氣的機會。

心臟分流手術成功

儘管以狗做實驗已經兩年了，布雷洛克對在病人身上手術，仍然採取相當保留的態度。一九四四年十一月，有一個法洛氏四聯症的病童已經進入病危狀態，再不開刀醫治，就要死去了，於是手術小組決定開刀。二十九日上午九點，布雷洛克、道希葛、湯瑪斯進入手術房。手術進行一個半小時，病童的皮膚轉紅，手術成功！一九四五年一月二十五日這個病童出院。同年二月三日，他們接受第二個病童，手術又成功了。孩子的父母握著道希葛的手，哭著道：「我們從來沒有想到孩子能活著離開病房。」

一九四五年五月十九日，布雷洛克與道希葛在《美國醫學協會雜誌》發表〈心臟畸形的外科處理〉，這篇十四頁的報告，立刻震撼了醫學界，千年來的絕症終於露出一線曙光。後來這種手術稱為「布雷洛克——道希葛分流」。這個手術小組後來又成功的為上千個法洛氏四聯症的小孩開刀，拯救了他們的性命。

醫學院第一位女教授

病人湧進她的門診室，各地的醫生前來請教，許多的榮譽與獎狀頒發給她。道希葛寫道：「病童手術後，我叫他們抓住我的手，他們看到自己手上的皮膚轉成紅色所發出來的歡呼，是我最好的報酬。」她長期與病童聯絡，許多病童長大結婚後，還會帶著小孩回來謝謝她。

一九四七年，她出版《先天性心臟畸形》一書，成為心臟醫學的經典之作。一九五五年，她自約翰．霍普金斯大學以副教授的身分退休。一九五九年，獲頒榮譽教授，她是歷史上取得醫學院教授頭銜的第一位女性，後來她又獲得六十八個榮譽博士的頭銜。

海豹肢之謎

退休後，道希葛仍然很忙，她到世界各處探訪她的學生，與他們通信，幫他們解決一些疑難問題。一九六二年，她過去的學生貝優蘭從德國來找她。貝優蘭醫師發現德國出現一種怪病，嬰孩生下來後手腳殘缺，只留下上肢，像是海豹的肢一樣，所以這種病又稱為「海豹肢症」。這種嚴重畸形的嬰孩，智力正常，只是很容易感染肺炎而死。

一九五九年，德國發生十二個海豹肢症的病例，她本來以為這些是遺傳基因的問題。一九六〇年增加到二十六個案例，開始引起她特別的注意，她以為是環境污染所致。一九六二年，竟然超過數千個案例，如果是基因或環境污染造成的，畸形兒的速度絕不會增加如此迅速。

這位細心的醫生調查這些畸形兒的家庭，發現一個共通點──母親在懷孕期間都吃一種止吐劑「沙利竇邁」。這是一九五六年西德 Chemie Grunenthal 公司研發出來的新藥，本來是作鎮定劑用，後來因也具止吐功能，許多懷孕婦女就拿來服用。廠方雖然不明白沙利竇邁的鎮定原理，卻宣稱這藥不具任何副作用，消費者可以安心使用。這種藥品在一九五九年在德國上市，一九六二年開始在世界各處販售，該藥廠又花大筆金錢向醫生廣告，一時成為許多醫生的指定用藥。

胎兒健康的捍衛者

當時醫學界對藥品使用會影響胎兒的認識很缺乏，道希葛立刻覺得問題嚴重，她搭飛機前往德國，認識了連茲醫生，他由實驗發現沙利竇邁可以透過胎盤，進入胎兒體內，當胎兒發育在第十天至四十二天，肢體開始要發育時，沙利竇邁在此時會抑制胎兒骨細胞的分裂，導致胎兒畸形。

她立刻趕回美國，以她的知名度要求美國醫師學會召開特別大會，在會中報告調查結果。並且在一九六二年五月十五日的《科學》雜誌上發表〈危險的鎮定劑〉一文，立刻成為報紙頭版新聞。不久，沙利竇邁即被世界各國宣布為禁藥。截至一九六二年底，各國受沙利竇邁影響的胎兒，已達一萬名以上。

新藥品管制措施

道希葛心知，這種「保證沒有副作用」的藥，仍會層出不窮。因為媒體廣告的推波助瀾，加上藥廠與醫生之間的關係，會加速合成新藥上市時間，以致沒有足夠時間判斷藥效是否真的沒有副作用。道希葛因而推動兩個影響深遠的運動，一個是加強藥物管制，除非嚴格通過新藥試驗，否則醫生不得使用；一個是教育孕婦，在懷孕期間最好不要輕易服用藥品，即使院方保證沒有任何副作用的藥物，為了胎兒，也不要服用。

她的機警與努力，使許多胎兒的健康獲得保障。為表彰她的貢獻，美國政府在一九六四年頒給她「自由勳章」，這是美國公民最高榮譽的勳章。也由於她對新藥品安全性的重視，使得全世界新藥研發的流程更加嚴格，加強保障了用藥的安全，更強調上市之前的毒性實驗和臨床實驗，以及上市之後的長期安全監控。

一九六五年，她推動「抽菸與不當飲食會導致心臟病」的教育宣導。一九七三年，她已成為世上最著名的醫師之一，被稱為「小兒科心臟醫學的開創者」。但是她寫道：「我很少想到我自己，也沒有去想我的知名度，幫助人是我最大的滿足，我愛我的工作。」她勸勉年輕人，「無論做任何事，安靜的親手去做，這世界將因你而更好，你的一生就值得了。」

一九七六年，她漸漸感覺無法獨居照顧自己，她搬入退休老人公寓，並在附近的自然科學博物館擔任義務解說員。一九八六年五月二十日，她因車禍喪生。她的一生，為許多人帶來福氣。

Helen Brooke Taussig

6. Lane, Margaret. 1946. *The Tale of Beatrix Potter*. Penguin Books, U.S.A.
Taylor, Judy. 1989. *Beatrix Potter's Letters*. Frederick Warne, London.
Potter, Beatrix.1980. *Peter Rabbit Giant Treasury*, edited by Cary Wilkins. Derrydale, U.S.A.

7. Bonta, M. M. 1991. Agnes Chase - Dean of American Agrostologists. *Women in the Field*. Chapter 14, p. 132-143. Texas A & M University Press, U.S.A.
Chase, A. 1922 (reprinted 1996.) *First Book of Grasses - The Structure of Grasses Explained for Beginners*. Smithsonian Institution Press, U.S.A.
Chase, A. 1948. The Meek That Inherit The Earth. *The Yearbook of Agriculture*. p. 8-15, U.S. Government Printing Office, U.S.A.
Debus, A. G. 1978. *Man and Nature in the Renaissance*. Cambridge University Press, U.S.A.
Fosburg, F. R. and J. R. Swallen 1959. Agnes Chase.*Taxon*,8, 145-151.

8. Sicherman, B., 1984. *Alice Hamilton-A Life in Letters*. Harvard University Press. England
Hodgson, E., P. E. Levi, 1997. *Modern Toxicology*. Appleton & Lange. USA.
Hamilton, A., 1983. *Hamilton and Hardy's Industrial Toxicolgy*. Wright. Boston.

9. Berger, A.J. 1961. *Bird Study*, John Wiley & Sons Inc., London.
Bonta, M.M. 1991. *Margaret Morse Nice-Ethnologist of the Song Sparrow*, Texas A & M University Press, U.S.A.
Nice, M.M. 1979. *Research is a Passion with Me*, The Margaret Nice Ornithological Club, Canada.
Ross, M.E.1979. *Bird Watching with Margaret Morse Nice*, Carolrhoda Books Inc., U.S.A.
Stresemann, F. 1975. *Ornithology-From Aristotle to the Present*, Harvard University Press, England.

10. Baldwin, J.1992. *To Heal the Heart of a Child* : Helen Taussig, M. D. Walker and Company. U.S.A.
Nuland, S.B.1988. *A Triumph of Twentieth-century Medicine. Helen Taussig and the blue baby operation. The Biography of Medicine*. 422-456. Alfred A. Knoph, Inc. U.S.A.
Taussig, H.B.1962. *The Thalidomide Syndrome*, Scientific American, 207(2),29-65.

參考書目（按章節）

1. Berger, A.J. 1961. *Bird Study*, John Wiley & Sons Inc., London.
   Bonta, M.M. 1991. *Margaret Morse Nice-Ethnologist of the Song Sparrow*, Texas A & M University Press, U.S.A.
   Nice, M.M. 1979. *Research is a Passion with Me*, The Margaret Nice Ornithological Club, Canada.
   Ross, M.E. 1979. *Bird Watching with Margaret Morse Nice*, Carolrhoda Books Inc., U.S.A.
   Stresemann, F. 1975. *Ornithology-From Aristotle to the Present*, Harvard University Press, England.

2. Baker, R., 1971. *The First Woman Doctor - The Story of Elizabeth Blackwell*, M. D. Scholasticlnc. U.S.A.
   Forster, M., 1998. *Elizabeth Blackwell.* American Portraits. McGrow Hill. U.S.A.

3. Cullina, M.D.,2019. *Wildflowers of Maine-Botanical Art of Kate Furbish.* Down East Books. U.S.A.
   Kennedy, K. 2005. *Remarkable Maine Women.* Globe Pequot Press. U.S.A.
   Furbish, K., 2016. *Pants and Flowers of Maine Kate Furbish's Watercolors.* Rowman & Littlefield. U.S.A.

4. Baker, R. 1959. *America's First Trained Nurse——Linda Richards*, Julian Messner, Inc. Canada.
   Carson, V. B. 2000. *The Wisdom of Past Travelers Heritage of Psychiatric Nursing,Mental Health Nursing*, Chapter 2, pp. 11-30. W.B. Saunders Company, U.S.A.
   Kalisch, P. A. and B. J. Kalisch 1995. *The Advance of American Nursing*, Chapter 3, pp. 57-84. J.B. Lippincott Company, U.S.A.
   Richards, L. 1911. *Reminiscences of Linda Richards.* Whitcomb & Barrows, U.S.A.

5. Clarke, R., 1973. *Ellen Swallow.* Follett Publishing Company, U.S.A.
   Swallow, P.E., 2014. *The Remarkable Life and Career of Ellen Swallow Richards.* John Wiley & Sons, Inc. U.S.A.
   Richards, E.H., 1901. *The Cost of Food.* John Wiley & Sons. U.S.A.
   Bouré, T.T., 1893. *History of the Town of Hingham Massachusetts.* Vol.1 pp.1-138. John Wilson and Son. U.S.A.

與十九世紀傑出女性科學探險家相遇：因為她們，世界變得更好 / 張文亮作；蔡兆倫繪．
-- 初版．-- 新北市：字畝文化創意出版：遠足文化發行，2019.04
面； 公分
ISBN 978-957-8423-77-0（平裝）
1. 科學家 2. 女性傳記 3. 通俗作品
309.9 108005379

XBLN0015

與十九世紀傑出女性科學探險家相遇——因為她們，世界變得更好

作　　者　張文亮
繪　　者　蔡兆倫

字畝文化創意有限公司
社長兼總編輯　馮季眉
責任編輯　吳令葳
主　　編　許雅筑、鄭倖伃
編　　輯　戴鈺娟、陳心方、李培如
封面設計　三人制創
內頁設計　張簡至真

出　　版　字畝文化創意有限公司
發　　行　遠足文化事業股份有限公司（讀書共和國出版集團）
地　　址　231 新北市新店區民權路 108-2 號 9 樓
電　　話　(02)2218-1417
傳　　真　(02)8667-1065
客服信箱　service@bookrep.com.tw
網路書店　www.bookrep.com.tw
團體訂購請洽業務部 (02) 2218-1417 分機 1124
法律顧問　華洋法律事務所　蘇文生律師
印　　製　中原造像股份有限公司

2019年4月24日　初版一刷　定價：320元
2023年11月　初版七刷
ISBN 978-957-8423-77-0　書號：XBLN0015